奶油霜
抹面蛋糕

BUTTERCREAM CAKE
DESIGN

序

在接觸烘焙之前，自己畢業於視覺傳達設計系，從事平面設計師的工作。轉眼六年過去了，恍惚間時常覺得自己好像不曾轉過行，只是把設計平台從紙張與電腦，轉移並融入到了蛋糕體之上，自己始終還是一位創作者。

幾年前在一個機緣之下，開始了客製化蛋糕設計接單。初衷是希望每一個人，在特別重要的日子裡，能擁有一顆屬於自己獨一無二的蛋糕。沒想到開始製作奶油霜蛋糕後，意外開啟了「抹面設計」這塊當時還鮮少人關注的領域。

直到現在，不少人聽到蛋糕抹面，都還是一頭霧水的問：「你是說蛋糕外面白白的那一層嗎？」（因為台灣人最熟悉的鮮奶油蛋糕，通常是白色的抹面。）

蛋糕抹面對於多數人來說只是一個基底，為了襯托蛋糕上面的裝飾而存在。但我一直認為抹面才是蛋糕的靈魂所在，尤其是現在正流行的歐美高款蛋糕，抹面佔了蛋糕整體一半以上的面積。

在我跟奶油霜打了幾年交道後，發現奶油霜抹面的操作性跟變化性是無可限量的。它不只是技法跟技術操作而已，還包含了奶油霜的科學、色彩學、肌理紋理的變化技巧、整體搭配跟風格等等，可以說是整個蛋糕設計中，美的基礎。

只要理解它的特性，就能變化出比鮮奶油更多的肌理質地感，甚至能做出許多從前大家認為只有翻糖蛋糕才能辦到的仿真效果（很多客人都會誤把我的蛋糕當成翻糖蛋糕）。

為了推廣「抹面設計」，這幾年我慢慢地將抹面依技法分為三大種類，讓訂製蛋糕的客戶可以「選擇」喜歡的抹面做為裝飾與搭配的一部分，就像可以選蛋糕口味一樣，並不斷鑽研、發展出了數十種藝術型擬真效果的抹面。而後，開始有越來越多的客戶反而會要求「想要什麼抹面」，裝飾上只要符合主題，任我自由創作發揮。

在跟我的編輯們討論本書的主題時，我們很快一致決定，要以抹面設計為切入點，進而從中探討蛋糕裝飾設計。書中除了從初階到進階，一步步推進的抹面技巧外，我也針對每一顆蛋糕作品背後的設計邏輯、佈局想法，以及色彩學做了詳述跟解釋。就算不曾接觸過設計的讀者，也能隨著每一個篇章逐漸認識與熟悉這些基礎設計原則。

幾年前因緣際會下開始授課，自己的授課理念比較偏向讓同學自由創作，再依大家的裝飾想法做各別指導，而非依樣畫葫蘆。

課程中我最期待的，是看著大家在裝飾蛋糕時的思考過程，同樣的元素、同樣的材料，每個人做出來的蛋糕結果卻截然不同。蛋糕裝飾設計不單單只是完成一個成品，而是反映每個人從小到大所累積的美感經驗，每個蛋糕，都代表著不同人、不同性格、和不同的思考模式。

美雖說是主觀的感受與思維，但設計本身有它背後的原理跟基礎，美更是有它被賦予的基本定義。這本書除了技法教學之外，更重要的是站在設計師的角度，來講解蛋糕設計。它不是一本單純的烘焙食譜書，而是一本結合美學、設計原理、色彩學、與實作經驗技巧的「奶油霜抹面蛋糕設計全書」。

設計的本質和理論是相通的，然而美感是需要花時間來培養的。看完這本書，或許不一定能馬上製作出心目中完美的蛋糕，但享受這個過程吧，用把工藝轉化為藝術的心情來創作吧。讓未來的日子裡逐漸地、有意識地累積並提升美感知覺，把美感培養變成一種習慣，畢竟人都喜歡美麗的事物，而美這件事經年累月至今，其本質也是相通的。

目錄

Chapter 1
以設計角度切入蛋糕美學

Chapter 2 奶油霜大學問

Chapter 3 開始抹面之前

Chapter 4 抹面設計與蛋糕裝飾 初階系列

Chapter

5

抹面設計與蛋糕裝飾
進階系列

工具介紹

蛋糕裝飾相關用具花樣種類繁多，不勝枚舉，以下介紹的都是必備工具。

其實有時候不必拘泥於蛋糕或烘焙專賣店販售的「蛋糕裝飾用具」，許多日常生活中的小工具，可能非蛋糕裝飾專用，但是用起來卻剛好又順手，價格相對便宜又可以拿來兩用。

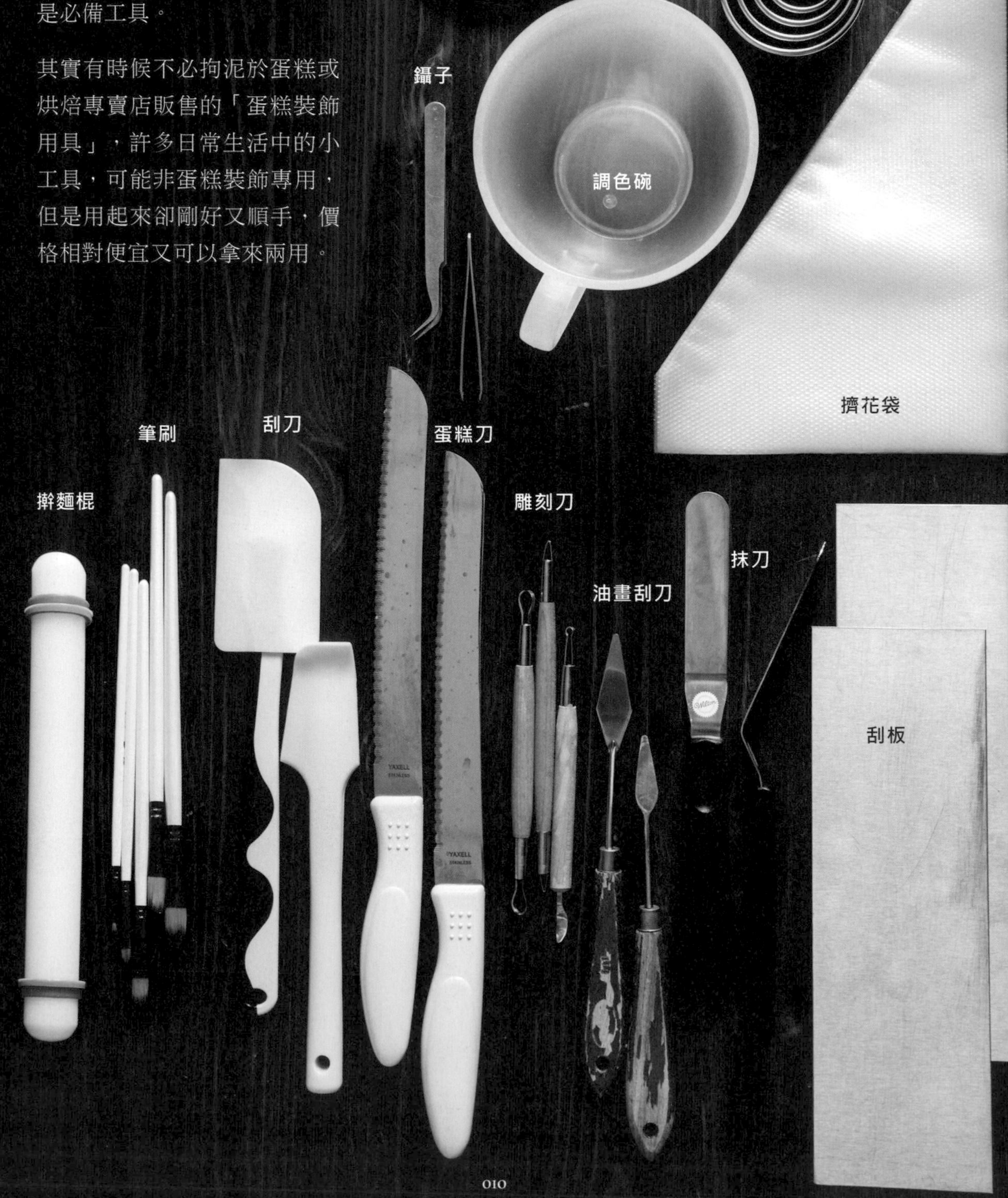

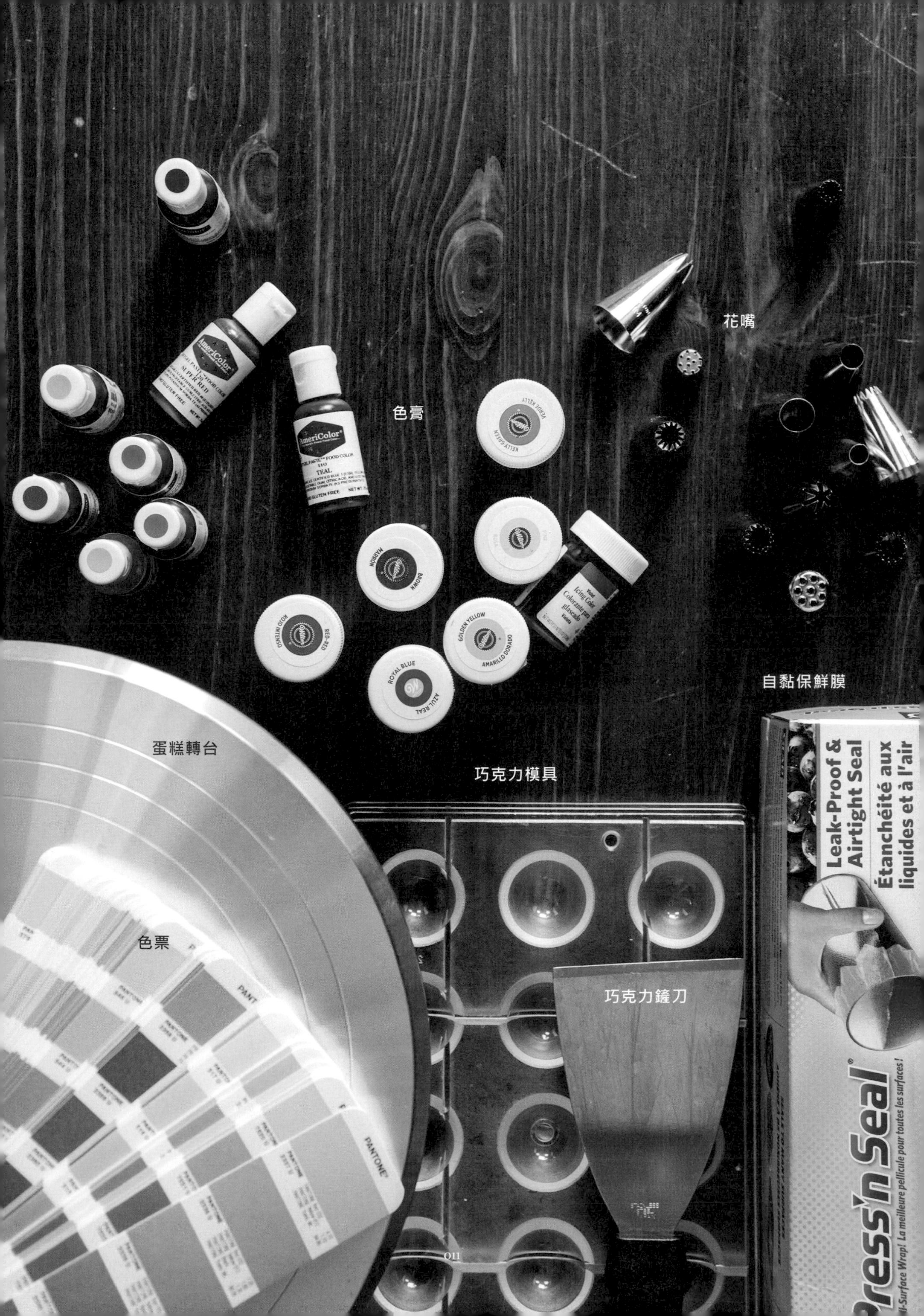
花嘴
色膏
自黏保鮮膜
蛋糕轉台
巧克力模具
色票
巧克力鏟刀
AmeriColor
TEAL
ROYAL BLUE
AZUL REAL
GOLDEN YELLOW
AMARILLO DORADO
RED-RED
ROJO INTENSO
BROWN
MARRON
KELLY GREEN
VERDE KELLY
Leak-Proof &
Airtight Seal
Étanchéité aux
liquides et à l'air
Press'n Seal
PANTONE

chapter

1

以設計角度切入
蛋糕美學

chapter 1

蛋糕設計發想與思路

以設計角度切入蛋糕美學

佈局

蛋糕設計的佈局，包含了整體造型、色彩心理學、抹面設計、裝飾元素、視覺平衡、線條律動、肌理紋路、相互搭配、比例角度、層次與深度、形狀與型態、精細度與完整度、和諧與美感、細節亮點等等。

為什麼明明是蛋糕，乍看之下卻可以如同藝術品一般精緻？

因為每個細節、配色、裝飾都經過精心規劃設計，它被製作出來的過程與每一位藝術家對待自己的作品是同等的規格。

身為一位蛋糕設計師，每一樣擺放在蛋糕上的元素都應該是經過思考的，每一個元素的位置都應該是被設計過的，沒有任何一樣元素會是偶然出現的。

設計的其中一個大原則「少即是多」。

絕對不要把手邊有的、能用上的所有裝飾物全放到蛋糕上。培養美感之餘，還必須擁有明辨美的準則，現有的設計原則是條捷徑，你可以在相關的設計書上了解到它們（或是你現在手中正拿著的這本書）。

你也許看過那種上面擺得滿滿的，周圍也是滿的，顏色七彩繽紛的蛋糕。第一眼可能會抓住你的眼球，是因為誇張、顏色豔麗，再仔細去看第二眼，就會發現好像只是毫無章法地把裝飾物塞上去。

當你不確定設計思路，或靈感和想法還未成熟的時候，不妨遵循「少即是多」這個原則，不管元素、配色都是以簡單、單純為主。通常在這個法則之下，都不會有大錯。

水平思考，垂直思考。

這種創意思考法是大學時一門設計課中老師提及的找靈感方式，也成為日後我在找尋靈感時常用的一種邏輯思考。在最初的設計發想階段，不妨使用水平與垂直思考相輔相成的方式找出設計重點。

以我接單製作客製化蛋糕的經驗，客戶最開始表達的方向都是水平思考後得到的發散性思考結果，舉例像是：「我想訂製一顆生日蛋糕給爸爸，今年是他60歲生日，我們要舉辦一個派對，因為爸爸喜歡搖滾樂，派對主題是60年代搖滾風格，希望蛋糕是雙層帶有時尚設計感的。」如果客戶一開始只是告知活動主題的話，我會誘導他們做出這樣的水平式發想，簡單來說就是把能想到跟主題相關的東西都提出來。

接下來，則是依照這些水平思考所得到的結果，一一進行垂直式的深入思考，也就是依照得到的關鍵字按照一定的思維路線接續往下延伸，這樣會讓你明確的得出一些實際可運用的裝飾，把客人抽象的概念表達，轉換成具體的裝飾元素。

不管設計什麼，掌握主題絕對是第一件事。

前衛而獨具風格的蛋糕設計，其一大重點便是主題及元素明確，整個蛋糕圍繞著同一件事。如右圖中的「動物派對」，除了派對之外，再無其餘不相干的元素；又如另一張圖的主題是「正方形」，所以蛋糕體及上方的裝飾皆為方形。除非對於色彩足夠敏感，否則盡量不要在同一個蛋糕上搭配超過 3 種顏色。

〔 動物派對 〕

〔 正方形 〕

抽象與具象

相較於具象造型的翻糖蛋糕，我一直更喜歡抽象概念、意識形態的蛋糕設計，它對於創作者的想像空間與觀看者的被想像空間都增添了更多可能性。

抽象意識的蛋糕設計，我多年總結下來最重要的三個元素是：色彩、形狀、質地（texture)。

因為蛋糕上沒有可捏塑成形的具體造型，所以該如何運用這三件事去表達具體概念，像是可愛、高雅、秋天、海洋、母親等等？

〔 抽象概念 〕

〔 具象概念 〕

首先必須了解色彩學中不同色相、明度、彩度給人的心理感受，例如紫色給人神秘感；以及形狀給人的視覺效果，例如圓形通常會比方形可愛；最後是如何做出對應的質地感，什麼樣的技法或工具效果能做出什麼質地，肌理不僅可以表達很多效果，更能適當地增添質感。

型態構成

從平面到立體的型態構成中，最重要的便是點、線、面、體，這是在視覺藝術中不可不知的思維基礎。

撇開長篇大論的理論，一個馬卡龍、一朵花都可以看做是一個單點，點跟點之間會形成線，三個點就會形成一個面，因此在放一樣元素，跟放上第二樣、第三樣元素之後，就必須去考慮它們之間的點線面關係。

單點、分散式的點、密集型的點、有規律的、自由的、不同位置的，都會造成不同的心理感受。而當有兩個點出現，則會在視覺上形成一條隱形的線，當然如果裝飾本身就是線條性的東西，像是長條餅乾，也同樣是線的表現。

有線出現的時候就會出現方向性，這個方向性是大家很容易忽視的，當所有的線條都往同一個方向指，跟互相指向不同的方向，都會出現不一樣的效果。而線通常也帶有流動性和律動性，直線、斜線、曲線所表達的目的性也會不同。

三個以上的點，則會出現面，說到面就會說到接下來的形狀和造型，同時每一個面的邊緣輪廓也都是線的體現。

最後則是體，蛋糕體一般來說就是一個柱狀體，圓柱形的蛋糕體、方形的蛋糕體、三角形的蛋糕體、不規則形的蛋糕體⋯⋯它們的裝飾方式也會不同，這則跟後面要說的視覺平衡相關。

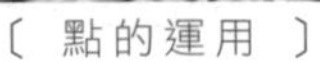

〔 點的運用 〕

〔 線的運用 〕

〔 面的運用 〕

形狀造型

形狀跟造型不只是我要做一顆什麼形狀的蛋糕這麼簡單的事。

裝飾元素本身的造型、單獨裝飾在蛋糕上面的元素、多個元素互相堆疊或交錯後形成的型態，這些全都是視覺可見的「形狀」。

圓形的馬卡龍、三角形的巧克力片、不規則的拉糖，因它們本身形狀的不同，裝飾方式也會有所不同。堆疊後裝飾物呈現什麼造型、不同造型的蛋糕體上方適合什麼樣的裝飾，這些都有所講究。

一般而言，圓形通常會給人可愛的感覺，方形則可靠有安全感，三角形依不同的角度與擺放方式可能充滿不安定、也可能代表平衡、或是活潑動感等。不規則形在裝飾上則很大程度其線條意義會大過於造型本身。

〔 圓形造型的堆疊 〕

〔 三角造型的堆疊 〕

〔 不規則造型的堆疊 〕

肌理與紋理

奶油霜抹面最有趣的地方之一，就在於運用得宜的話它能夠表達不同肌理。一直以來我研究的抹面設計，其實很大程度就是在其肌理與質地上找出可能的變化，模擬出各種仿真的抹面效果，像是水彩、油畫、牆面等。

不同肌理感能帶出整體視覺效果的不同，就像在房間裡面鋪上毛茸茸的地毯，還是光滑的塑膠地板，對於整個房間呈現的感受會是完全不一樣的。

〔 水泥擬真抹面 〕

〔 大理石擬真抹面 〕

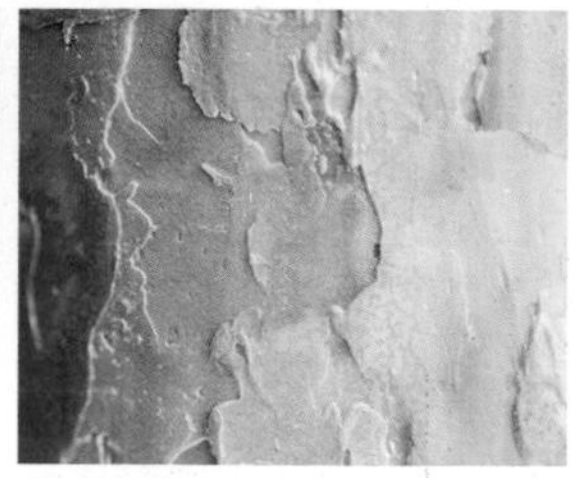

〔 抽象油畫質地抹面 〕

裝飾元素

蛋糕裝飾的元素從巧克力、糖飾、翻糖到花卉等，大家手邊能使用的素材可能大同小異，有時候你會覺得好像已經玩不出什麼新花樣了，但如何讓這些元素與設計主題的故事性產生意義，又或者運用同樣的材料創造出更適合的造型、質地與線條上可能的美感變化，這些就是每一位蛋糕設計師發揮創造力的時候了。

同樣是巧克力球，運用在不同的整體設計上可能會造成不同的效果；同樣是愛素糖，不同的技巧跟呈現方式也能產生新的創意風格。

大至每一片巧克力帆片，小至一粒糖珠，它的出現都要經過設計思考。只是這些設計思考需要經過培養，久而久之它會變成下意識的反射動作，到時候就能很流暢而精準的掌握每一個物件擺放的位置。

每個裝飾元素也必須切合主題性，當你還對於這個元素應該出現在哪裡而舉棋不定時，試著停下來問問自己，為什麼要放這個元素？它跟這顆蛋糕的主題有何關聯？它為什麼要擺放在這個位置？它跟其他元素的關係？它在蛋糕整體視覺上的效果？重新審視過後，或許會找到一些新方向。

視覺平衡與結構

視覺平衡可以說是每一個蛋糕裝飾最終完成前必須要檢視的一件事。視覺不平衡的狀態下，作品看起來就不會是舒服、和諧的，而要達到視覺平衡，要掌握前面提及的每一件事，以及後面要說的色彩學。

美國工業設計大師Charles Eames曾說：「細節不僅僅是細節，它們成就設計。」

設計上只要一個小細節有疏失，就可能造成最後的視覺平衡出問題。色彩中的配色平衡、對稱與不對稱之間的微妙關係、物體之間的尺寸平衡等，還有合理性與否，像是可愛的造型蛋糕上出現了不可愛的配色，或是結構上頭重腳輕、左右視覺重量的落差等都是考量重點。

所有的設計原則都是可以被打破的，

甚至就是用來打破的。

前提是你必須先能掌握原則，

才有辦法去突破它。

但在還無法掌握所有的變因之前，

設計理論的原則和基礎，能最大程度的減少失敗。

色彩學

色彩與配色基礎

無論是繪畫、攝影、設計、藝術、甚至是蛋糕，大部分的時候我們會被一件作品吸引，通常第一層因素都是因為色彩，甚至有時候喜歡一件作品的理由也是因為色彩。

所以，色彩絕對是一顆蛋糕設計中一等一重要的事情。而色彩的運用，很大程度也直接反映了創作者的個人風格。

如果細細去品味一位你喜歡的創作者（任何領域）的作品，你應該會發現他的色彩運用常常是類似的重複模式，這是每一個創作者對於色彩認識和運用之後的慣性。由此可見，色彩學對於一位創作者尤為重要，這部分會在後面找尋個人風格的篇章細說。

不管對於色彩學了解多少，色相環是必須要先烙印在腦海中的重要圖像。透過色相環，我們可以了解色彩之間的基本關係。

接下來要說的便是蛋糕設計配色與調色中，我認為必須要熟記與融會貫通的幾個重點。

色彩的三要素

色相、明度（色彩的明暗程度）、彩度（色彩的飽和程度）。每一個顏色都由這三部分組成，更是影響一組配色的關鍵。

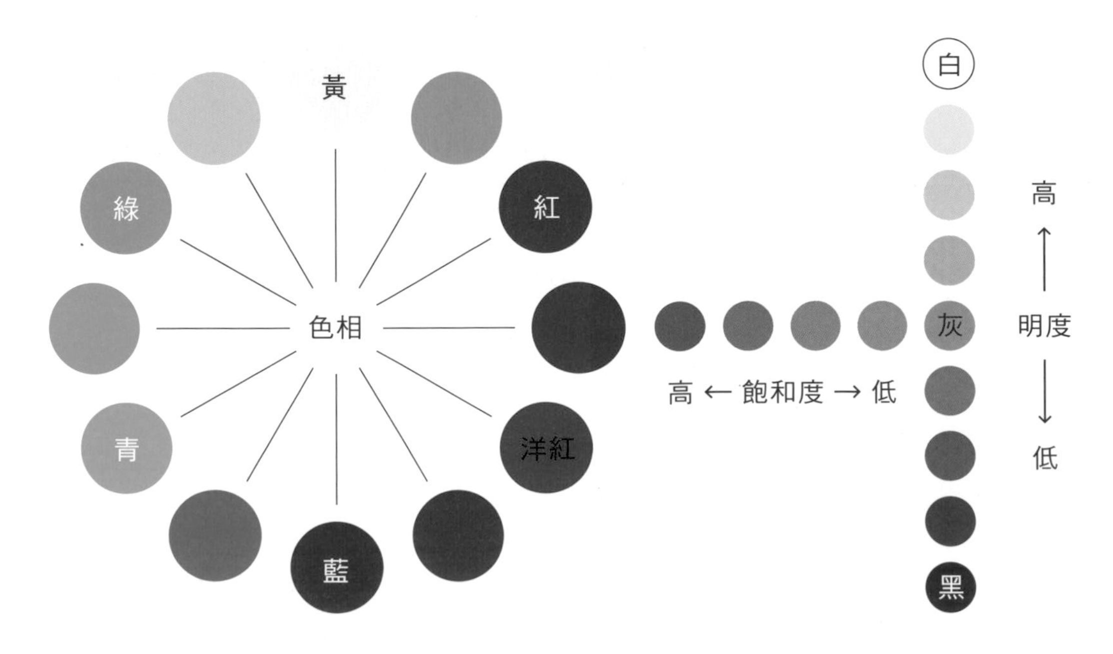

原色、二次色、三次色

原色是指色彩最原始的顏色（洋紅、黃、青色），二次色是兩種等比原色調製出來的顏色，三次色則是原色跟二次色調製出來的顏色。

配色法

基本也是最常用的配色法不外乎就是下列所述的幾種，在後面每一篇抹面章節中也會詳細說明這些配色法的運用。

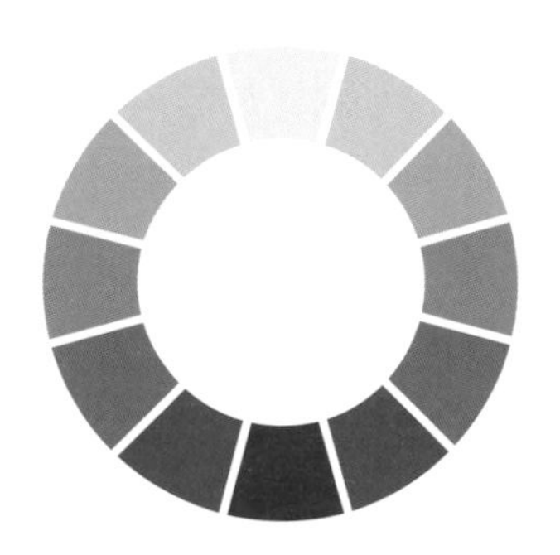

無彩色配色法
Achromatic

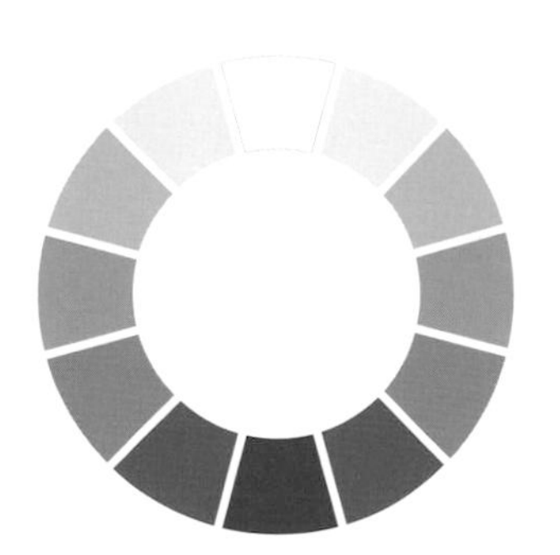

單色配色法
Monochromatic

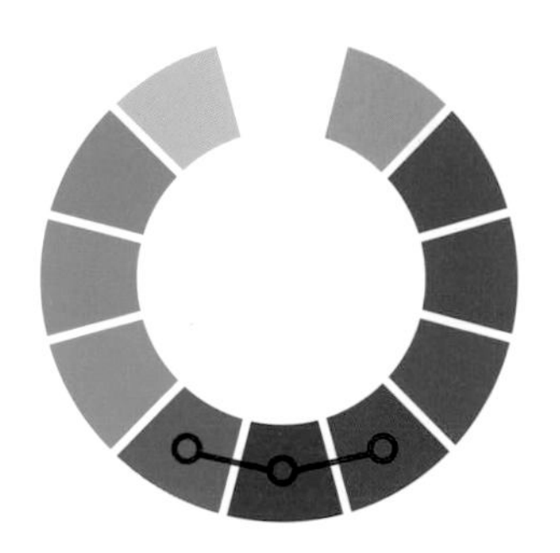

類似色配色法
Analogous

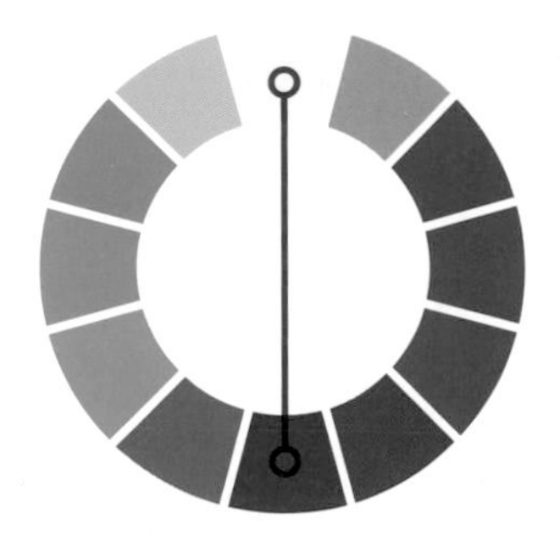

互補色 / 對比色配色法
Complementary

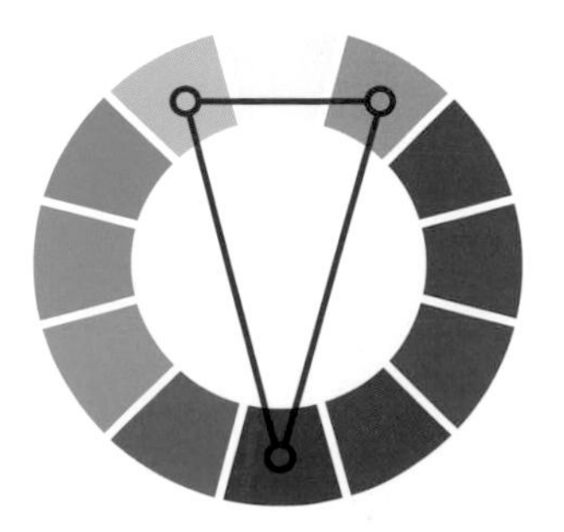

補色分割配色法
Split-Complementary

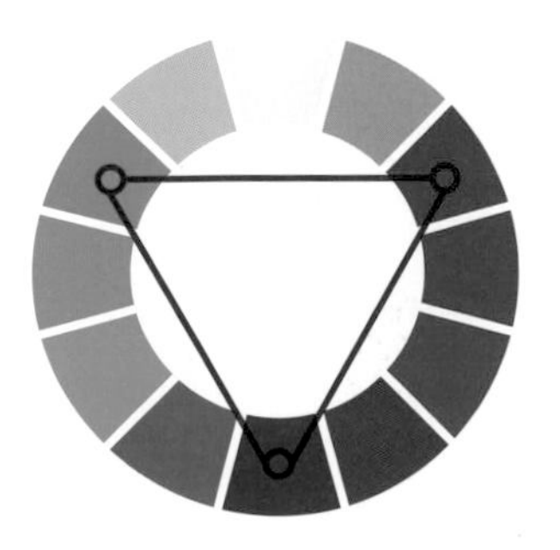

三等分配色法
Triadic

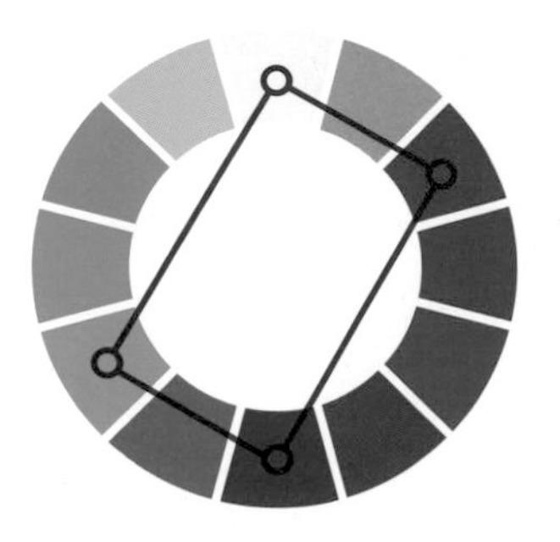

矩形配色法
Tetradic

色調

每件作品、每一組配色固然可能由多種色相搭配組成，但透過明度、彩度、寒暖等調和出的整體色調是最後視覺與心理感受的關鍵。

淺色調、深色調、寒色調、暖色調等各自有其獨特的個性效果，若作品缺少了整體色調則會顯得雜亂無章，也會失去主題性。

｜淺色調｜

｜深色調｜

｜寒色調｜

｜暖色調｜

濁色

濁色是降低了彩度（飽和度）之後所得到的顏色，除了色相跟明度的掌控之外，我認為彩度是調色中最有趣也最能凸顯風格的關鍵因素。

| 濁色調 |

蛋糕設計之於色彩心理學

在開始一顆蛋糕的調色前，先思考幾個問題：

1. 對象是送給什麼年紀的人、性別？（關乎色相、配色法）

2. 對應什麼樣的場合主題？（可能與彩度會有很大的關係）

3. 這顆蛋糕要呈現的性格是什麼？（關乎整體色調屬性）

對象：20 歲少女
對應場合：生日派對
呈現性格：網美風，夢幻感

對象：半歲龍鳳胎寶寶
對應場合：半歲生日
呈現性格：可愛，半歲主題

我在決定一顆蛋糕的色彩調性時，一定先由色彩感覺與個性開始著手，這顆蛋糕的主題、對象、場合，決定主色調後再來思考配色法是要運用類似色還是互補色等，進而從中決定出其他色彩配置。

我不建議依賴網路上的配色圖來做配色參考，因為這樣做出來的作品很可能會缺少個性。若一開始覺得無從下手，可以從照片或圖片中來做配色參考，找到你覺得符合這次主題的一張照片或圖片（不管照片內容是什麼），然後觀察照片的主色調、色彩配置、從中挑選 3-5 個適當的顏色。

這是需要經過反覆訓練的過程，如果只是一味的找別人選配好的配色圖，那麼對於色彩的敏感度很難提升，久而久之沒有這些配色圖甚至會有種無所適從的感覺。

漸漸訓練出對色彩的敏銳度後，這些配色技巧會化為自己的經驗與風格。同樣一張照片，每個人手動選擇出來的 5 個顏色一定是截然不同的，也因此就算別人找到跟你一樣的照片來做參考，調出來的配色也會不同，這完全取決於每個人對色彩的偏好，也是造就個人風格最重要的事。

自己抓色

電腦抓色

POINT
最開始可以先試著找配色較單純的照片來做抓色練習，然後再使用抓色工具去看看電腦抓出來的配色跟自己的有什麼不同。

所有色彩都帶有個性、感覺與其意義，所以製作不同需求、對象、主題等的蛋糕最容易著手的地方就是色彩。

適合小朋友的高彩度暖色調、適合時髦女性的柔粉色調、適合文青的低彩度濁色調、適合成熟男性的低明度冷色調、適合自然系的中明度灰綠色系、適合婚禮的高明度白色系、適合喜慶的高彩度紅色系等等搭配。

這些色彩心理學對於培養色彩認知是最基本的，然而也並非所有搭配都必須依照色彩感覺與屬性來完成，這樣你只會得到許多乏味、跟大眾沒什麼兩樣的作品，有時候跳脫既有的觀念，像是印象中偏向男性化剛硬的水泥灰，一樣可以作為小朋友的蛋糕，只要一組配色搭配得宜，玩色本身沒有什麼限制。

大自然是最好的配色寶典範例，多留心自然界的色彩搭配便是學習色彩學的最好入門。深藍的星空搭配黃橙橙的明月、陰鬱的雨天中帶灰調低彩度的風景等等。

另外透過電影、設計海報、攝影作品等等人為藝術，可以學習到不同於自然界的配色概念。自然景觀是由景生情，而人為藝術則是由情生景，在觀看時可以思考顏色是如何影響作品欲傳達出來的寓意。

美感養成

如何培養美感

關於蛋糕設計與創作這條路，技術往往是最簡單的，花功夫花時間便可，然而美感則不是一朝一夕便能上手的事。

從小到大每個人所經歷的美感經驗都不同，每個人對於美的定義更是不同，所以這本身不是一件能夠速成的事，而是要透過每個人自覺地去自我探尋與提升。

大學就讀設計系時，有位老師曾告訴我們，要提升自己的眼光最簡單的方式就是大量閱讀、大量吸收。

當時因為受這句話的啟發，我花了一學期的時間跑學校圖書館，把圖書館中藝術、設計、建築、時尚、繪畫、攝影等書籍全部都拿來翻看過一次。

先不說從書籍中我獲得了多少，但因為養成這個習慣，至今不管去書店、走在市區或郊區、坐在咖啡館、出去旅遊、瀏覽 IG、FB、Pinterest 等，我都會習慣性瀏覽吸納各類影像，累積自己對美的感知與敏感度。

在翻閱我喜歡的作品時，我會從色彩、構圖（結構）、意義（情感）等方面去讀它們，因為美感經驗並非單純只是把別人所創造的美一模一樣地背下來，而是一種思考過程的鍛鍊。

解構與分析一件作品，你為什麼喜歡它？它的哪些地方引起你的注意？它值得你學習的地方在於何處？這些瑣碎的訊息組成了你駐足停留的理由。

學習一件作品的美，應該是透過分解消化後所得到的內容作為養分吸收，這樣在下一次的創作，你便能將不同靈感互相激盪進而創造出新意。這些透過個人偏好吸收來的經驗，在某種程度上會轉化為日後個人風格的一部分。因為世界上不會有人跟你喜歡完全一樣的作品，也不會跟你有完全相同的閱讀經驗。

也是經過多年的歷練後，我意識到身為一名創作者，創造出個人風格，提升美感固然重要，但過於細究那些你深愛的作者或作品，反而會讓自己迷失在他人的創作中。大家學畫的初期都是臨摹，但臨摹只能讓你變成一位厲害的畫師，並不能讓你變成獨樹一格的創作者。

因此現在我多數只是瀏覽，卻不把細節記下，腦海中有個影子就足夠了，這些模糊的影子將成為我儲存的養分，待創作時再把這些累積下來的各種豐富養分用自己的方式轉化呈現。

美感，是非常抽象與主觀的，

它沒有標準答案，也無法一夕學成，

最重要的是如何培養的過程，

而這正是我想要傳遞給大家的。

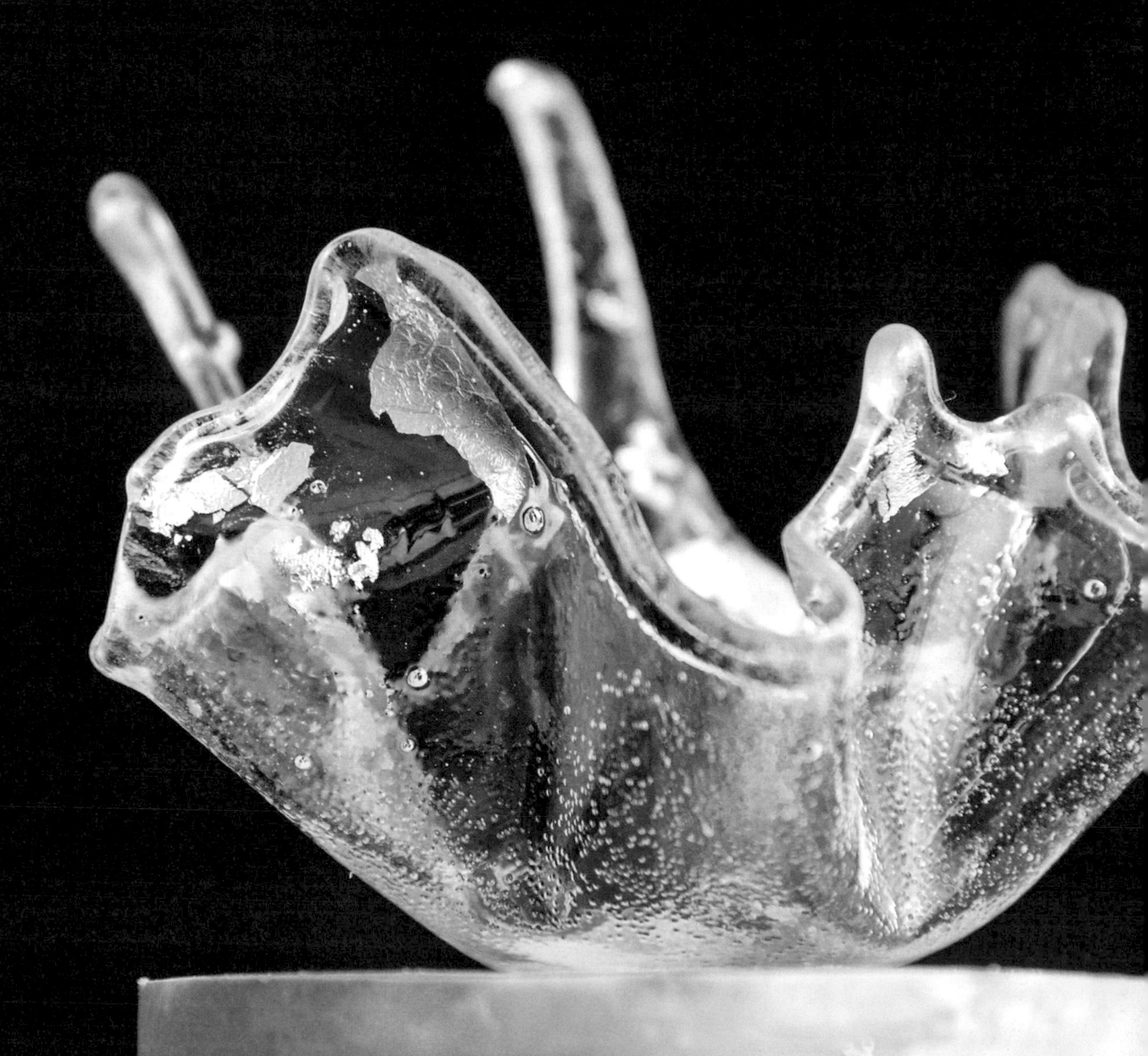

找尋與建立個人作品風格

如何創造出獨特且明確帶有個人特色的作品，這是所有創作者最終必然要面對的問題。我多年後歸納與總結下來，認為最重要的兩件事就是：「色調」與「設計的同質性」。

色調的部分在前面色彩學的章節已經提過，而設計同質性呢？

試想一些你印象中個人風格強烈的設計師或品牌是什麼樣子的？應該有絕大多數都是在重複自家經典的同一個樣版、圖案、元素等。同樣或類似的東西不斷出現並能推陳出新、玩出新感覺新創意，久而久之就會變成你的招牌。

這對於初學者而言是比較困難的，因為初學時還在摸索、嘗試各種不同的花樣，但是這個階段不能急，因為必須先嘗試並瞭解所有的材料、技巧才能進行下一步，如果對於材料的性質跟它能達到的成果都還一知半解，那更沒法從一個材料或元素中突破出新的東西。

我在觀察他人的風格養成時，總是把對方的 FB 或 IG 翻個底朝天，尤其是個人風格獨特的，不管是蛋糕師、設計師、花藝師等，除非是後期才新開設的平台，不然從他最早期的作品開始，你會看到這個人的起始、轉變與最後的定位。

從五花八門的作品中慢慢朝著一個特定的路線集中，這個過程就是在建立自己的個人風格。這絕非短時間可以突破的事情，這是一個過程，也是每個人的修煉之路。

有些人會選擇把這條路越走越專一，你會看到他開始只創造某類型的東西，不再有其他元素出現，主題明確單一的在同一類型中求變化與新意。而我則是走到一個程度，就不再刻意窄化自己的創作元素，在風格成型中保留一些變化性與活潑性。這點因人而異，沒有好與壞。

當然還有一些其他的方式能為你創造個人風格，包括拍攝方式與佈景等，但我認為以蛋糕設計的角度切入這兩點，是最直接且簡單的方式。

需要注意的是，盡量不要固定去參考同一位創作者的所有個性，從偏好的配色方式、裝飾元素、擺放設計方式、甚至是拍攝方式。因為這就像設計大賽一樣，你不會比原創作者做得更出色，因為這是他經過長時間淬煉出來的經歷；再者，當你過於專注一位創作者，那會限制了走出屬於自己風格的道路。

不要只追隨潮流，一定要清楚自己擅長的項目與風格，並想辦法深入鑽研下去。

水平的創意發展固然重要，

但垂直性的深入研究才是為自己建立獨特之路的起點。

模仿是初學的最好途徑，

但創造才是突破自己與市場的關鍵。

個人風格並非是先去定義再去執行的過程。
它應該是經過一連串對於自我的探尋、質疑與去蕪存菁後留下的精華。
它會在每個人開始追尋與挑剔之後，順應而生。

所以不要急著為自己的作品下定義，屬於你的風格會自然而然在過程中體現，有一天當你在翻看自己的作品時，就會發現它的蹤跡。而到時候，你會恍然，自己原來是這樣的啊。

chapter

2

奶油霜大學問

奶油霜的種類與差異

常見的奶油霜有以下幾種（如表格），不同食譜比例、使用的材料、以及不同作法所製作出來的奶油霜，在口感上都可能略有不同。相較於美式奶油霜，瑞士、義式和法式奶油霜的口感會更佳，在台灣的接受度也會更高一些。

通常大家聽到奶油霜，第一印象都是回憶起曾經吃過的甜膩美式奶油霜，進而對奶油霜產生排斥感，但事實上，瑞士、義式和法式奶油霜吃起來像是濃厚版的鮮奶油，冰過之後會有類似冰淇淋的口感。

其中，法式奶油霜因為食譜中使用了蛋黃，因此在質地上是最為柔軟滑順的，但同時也因為它過於柔軟的質地，相較於瑞士及義式奶油霜而言，較不適合用來製作與組裝厚重的美式高款蛋糕（layer cake）。

種類	難易度	成分	作法及特性
美式奶油霜	★	奶油、糖粉	單純使用奶油與糖粉製作而成，作法最為簡易，吃起來較為甜膩，但很適合初期用來練習抹面使用。
瑞士奶油霜	★★	奶油、蛋白、糖	透過蛋白與糖加熱後打發形成瑞士蛋白霜，最後加入奶油打發而成。
義式奶油霜	★★★	奶油、蛋白、糖、水	將加熱至118℃的糖漿沖入蛋白中打發形成義式蛋白霜，最後加入奶油打發而成。
法式奶油霜	★★★	奶油、蛋黃、糖、水	製作過程與義式奶油霜相同，差別在於將蛋白換成蛋黃，風味與口感最佳，但是由於質地過於柔軟，相對地支撐度不如前三者好。

奶油霜的溫度科學

溫度之於奶油霜本身，
以及製作奶油霜的材料都有非常大的影響。

可以說掌握了溫度這件事，
就基本上掌握了奶油霜這門科學。

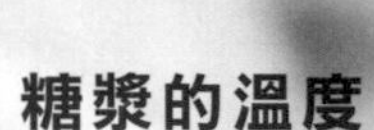

糖漿的溫度

在接下來要介紹的義式奶油霜配方中，糖和水加熱後所形成的糖漿是關鍵之一，糖漿加熱至不同的溫度會產生不同的狀態特性，製作義式奶油霜的**糖漿應加熱至 118-120℃左右**，也稱為軟球階段。在此階段，如果將一滴熱糖漿滴入一杯冰水中，會得到一個可揉捏的軟糖球。

溫度	階段	特性
110℃	濃糖漿	此時糖漿黏性大，但冷卻後還無法成型，對於製作義式蛋白霜的溫度是不足的。
118℃	軟球階段	滴入冰水中形成軟球狀態。
130℃	硬球階段	滴入冰水中形成硬球狀態，此時糖漿已經煮過頭，不適合製作義式蛋白霜。

奶油的溫度

製作義式奶油霜時，**奶油的最佳溫度是在 20-21℃左右**。

一般食譜通常只會強調室溫軟化的奶油，但室溫的定義對於不同糕點食譜都略有不同，像是磅蛋糕奶油的室溫，跟奶油霜奶油的室溫在實際溫度上就有明確的不同。

在不同季節、甚至地區的室溫狀態也都有著很大的差異，就台灣而言，夏天的室溫可能高達 28℃，冬天的室溫可能只有 18℃，因此使用溫度計精準的測量很重要。

當奶油的溫度不正確時，它便無法與其他原料順利結合。

溫度過低的奶油無法順利和其他混合物乳化，這也是許多人在製作蛋糕或奶油霜時會呈現油水分離的原因。而溫度過高的奶油則無法順利打發。充分打發的奶油，口感才會蓬鬆，顏色才會泛白，若是製作出顏色偏黃的奶油霜（排除奶油品牌因素後）可能正是因為奶油溫度不正確導致。

奶油霜的溫度

完成後的奶油霜在使用上的溫度也有講究。依照不同抹面效果，**最佳操作溫度約在 20-24℃之間**。

尤其是在製作超完美平滑系抹面時，22-24℃的奶油霜在經過充分刮壓拌勻後，才能完成無氣泡的完美光滑抹面。

依據不同季節與室溫狀態，操作抹面時需隨時注意奶油霜的溫度狀態，天冷時要不時以微波 2-5 秒方式為奶油霜增溫，天熱時要不時將奶油霜冷藏 10-15 分鐘來降溫。

不同的抹面技法，奶油霜最佳操作溫度也會不太相同。這是許多人不曾注意過的一大重點，也很有可能是造成抹面失敗或成品不理想的主因。

尤其是台灣的氣候變化多端，冬季與夏季的室溫落差非常大，奶油霜的主要成分是奶油，因此對溫度是非常敏感的，在不同的室溫環境下，若沒有注意到奶油霜之於環境溫度的變化，就很有可能造成操作中的種種問題。

義式奶油霜的製作與保存

相較於其他奶油霜的口感、質地，與作法上的綜合考量，本書所使用的義式奶油霜，整體來說是製作 Layer cake 較佳的選擇。

義式奶油霜的風味最主要是來自奶油本身，因此使用不同廠牌的奶油除了在最終成色上可能稍有差異之外，口感也會有明顯不同，可以多試試不同品牌的奶油來製作，選擇自己最喜歡的奶油霜風味。

材料

細砂糖 … 160g

水 … 35g

蛋白 … 150g

細砂糖 … 60g

無鹽奶油 … 500g

作法

01 將 160g 的細砂糖和水放入鍋中，以中大火加熱，並以溫度計測量溫度。

02 在糖漿溫度到達 110℃時，同時間以中高速打發蛋白至泡沫狀，再分 2-3 次加入 60g 的細砂糖。

03 當糖漿溫度到達 118℃時，蛋白應呈現硬性發泡狀。

04 此時將糖漿以細流狀倒入蛋白中並以高速打發，直到蛋白霜降溫至 30℃以下。

05 將回溫至 21℃左右的奶油切塊放入蛋白霜中，以中高速打發 1-2 分鐘至均勻泛白。

06 改用低速攪拌奶油霜 1 分鐘，使打發所形成的大氣泡消失。

奶油霜的保存

奶油霜雖然相較於鮮奶油來說可以在室溫保持更長時間，但保存上還是必須冷藏。完成後的奶油霜冷藏約可保存 1-2 週，冷凍則可保存約 1-2 個月左右。

無論冷藏或冷凍，使用前都必須退冰至適當的室溫狀態，並可使用攪拌機重新打發使之回復原本的滑順狀態。

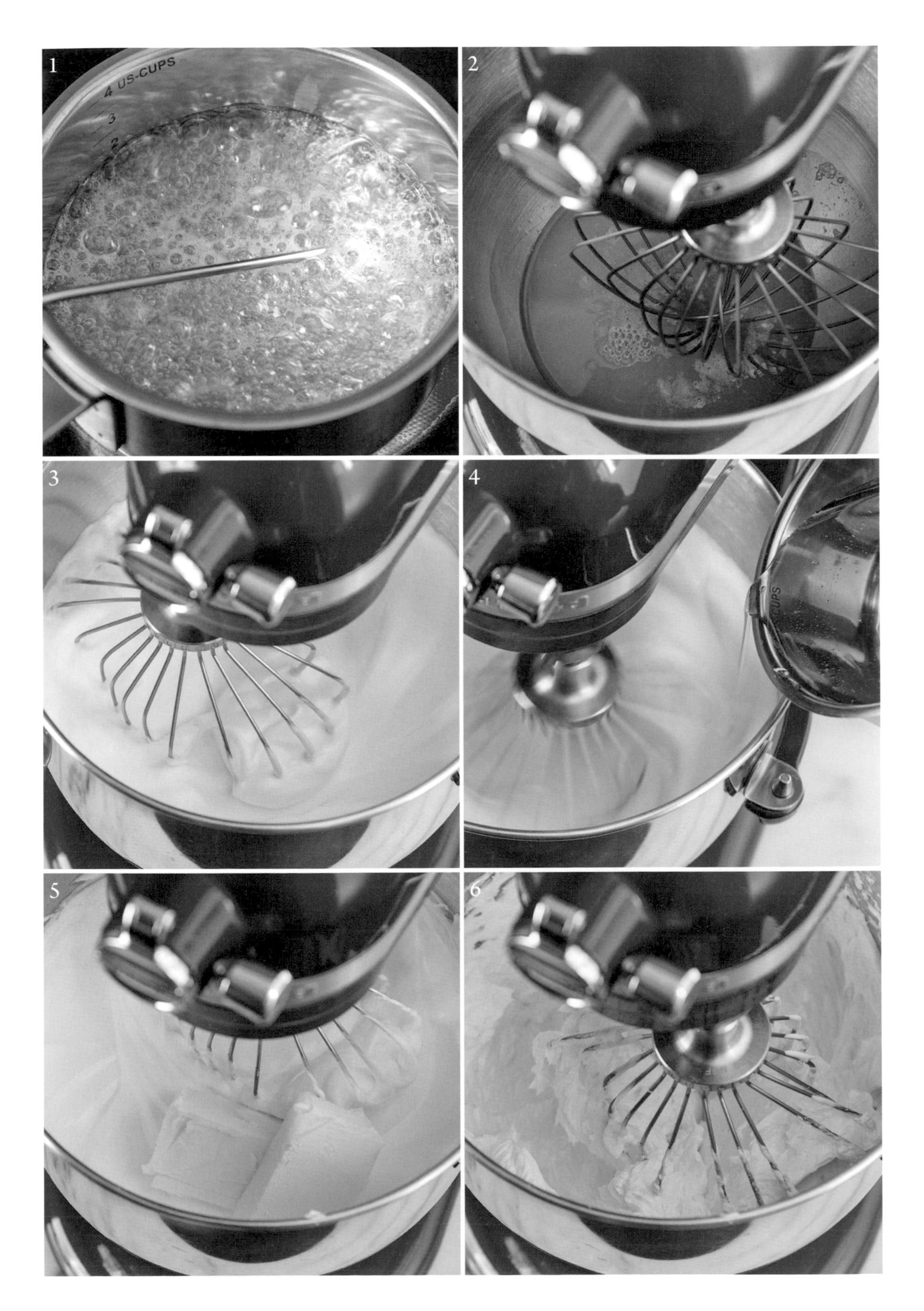
1
4 US-CUPS
3
2
2
3
4
5
6

奶油霜調色

在色彩學的篇章中大致瞭解了色彩運用之後，這裡我們回到奶油霜調色這件事。

調色迷人的地方在於你永遠也不會知道色彩會帶給你什麼驚喜，你也永遠調不出一模一樣的顏色。想要調出一個漂亮的顏色，絕對不是靠一罐色膏就能達成的事。

首先必須瞭解顏色本身是如何組成的，也就是色相環的運作。除了三原色，其他的色彩都是由不同顏色互相混合而成。而色膏的三原色本身其實就並非正確的原色，再加上奶油霜偏黃的本質，因此就算是三原色本身也不可能單純使用一罐色膏就能調出。

我在調製每一個顏色時，至少都會使用 2-3 種色膏去完成。我很喜歡調製那種說不清講不明卻極美的濁色，就是你一眼看到它卻無法準確說出它正確名稱的色彩。這樣的色彩帶有深度與厚度，很難被模仿，必定是由多種顏色依不同比例互相混搭而來。閒時不妨多翻翻色票，去琢磨這些顏色背後的組成吧。

修正色偏

不管使用什麼品牌的奶油、並完全遵照了前面提到的奶油霜製作的注意事項，所製作出來的奶油霜在本質上還是會稍微偏黃。

一般來說這對於使用並無太大影響，因為顏色是比較性的，除非拿一張白紙在白色奶油霜旁邊比較，否則使用原色奶油霜來抹面，一般人的視覺認知都還是會認為它是白色的。

但在調色時，偏黃的奶油霜就會略有影響，雖有影響，但不代表不行。千萬不要因為你的奶油霜偏黃就拿白色色膏往裡面加。色偏是正常的，就連不同廠牌的色膏、色膏標籤上的顏色跟實際成色都會有很大的色偏，這時候只要運用我們的色彩學知識來做調色修正，那麼任何色偏基本上都可以輕鬆解決。

你一定遇過一個情況，想要調出天藍色，結果拿起藍色色膏加進奶油霜後卻得到藍綠色。

為什麼會這樣呢？

因為藍色色膏＋偏黃色的奶油霜＝藍綠色。

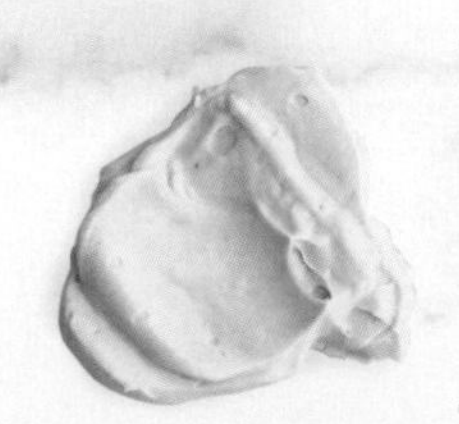
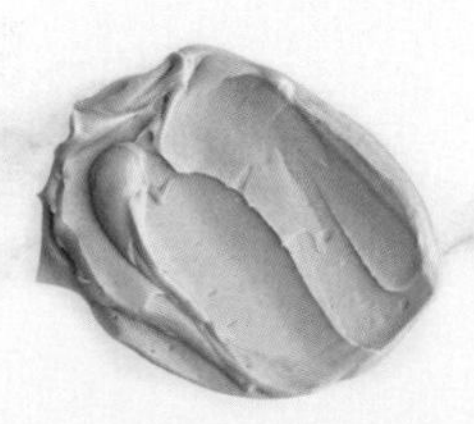

▲左為色偏的藍綠色，右為修正後的天藍色。

當遇到這種調色色偏時要如何修正呢？

拿起色相環，找到你原本想調出的顏色，觀察手上的奶油霜偏向這個顏色的左邊還是右邊，若是偏向左側，則加入右側的色膏顏色就可以修正回到你需要的中間的顏色，反之亦然。

這個大原則不僅可以修正奶油霜本身色偏的調色問題，更可以在調色時因色膏份量比例用錯時即時修正回來。

然而大家可能沒有這麼齊全的顏色能夠運用，因此有時候還是必須依靠自己對於色彩學的認識來運用不同色膏的混色進而修正色偏。

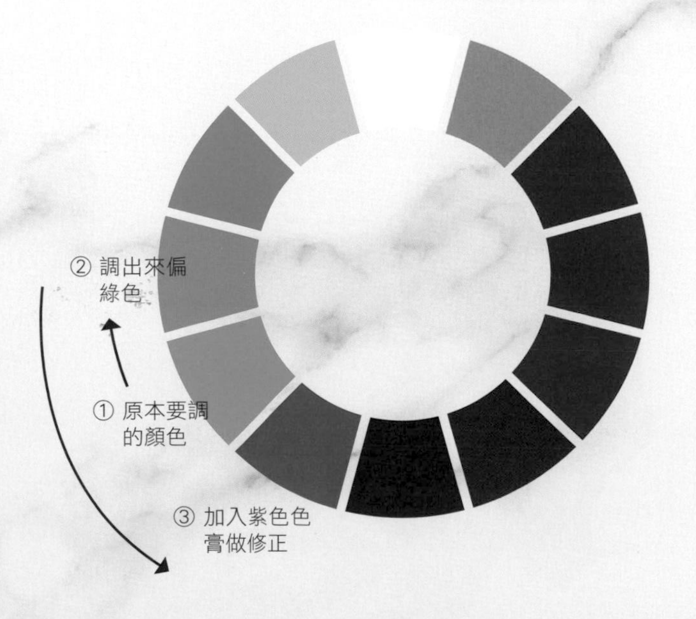

調出飽和正紅色

正紅色一直是一個大難題，除了選對品牌很重要之外（不同品牌的紅色色膏都可能偏向不同的紅，並且顯色度也都不同），再來就是必須使用一定的份量，最後不妨加入一些咖啡色和黑色色膏去調整色偏問題，一般都能使紅色看起來更具飽和度。

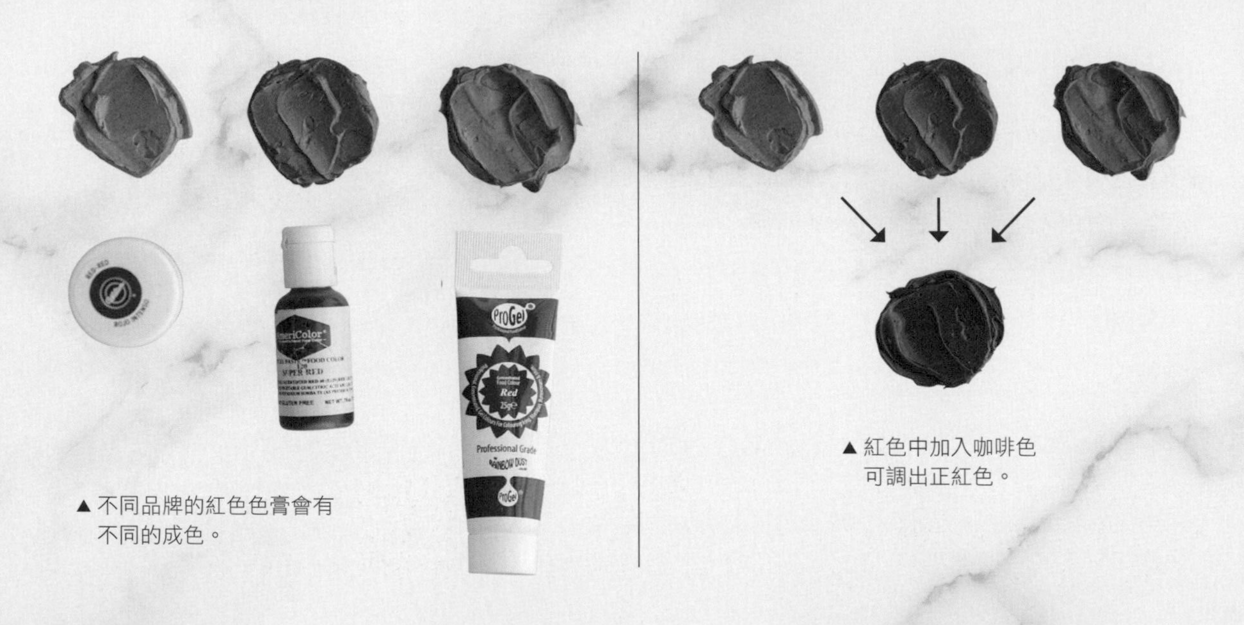

▲ 不同品牌的紅色色膏會有不同的成色。

▲ 紅色中加入咖啡色可調出正紅色。

消除高亮螢光感

不少淺色色膏都會帶有一點螢光感，或是顏色彩度過高，看起來沒有那麼柔和，因此在調製任何一種顏色時，我都會加入一點點微量的咖啡色色膏，這樣可以很顯著的消除那種螢光效果，使顏色變得柔和又同時增添一點色彩的厚度。但是要注意需適量，加太多會導致顏色完全跑掉。

▲ 從左到右依序為粉色、粉色加微量咖啡色、粉色加過量咖啡色。

深色系調色

如何調出深色系是最多人困擾的一個問題，除了色膏品牌對於顯色度有差異之外，奶油霜顏色會隨溫度變化而轉變。要讓奶油霜顏色變深有兩種方式，一是在室溫下靜置 1-2 小時，色膏經過一段時間的靜置後會更顯色，同時也會比原本更深一階。

另一個方式是將奶油霜調至比預計需要淺一階的顏色後，冷凍至完全硬化，再拿出來退冰回室溫，顏色就能在短時間內深上一階。

▲冷凍過後的奶油霜顏色會加深。

柔和低彩度、濁色調

在一組配色中，若使用對比或互補配色法時，稍微調低一點彩度，能夠減少色彩之間的衝突感，最簡單的方式就是加入微量的對比色，例如調製好黃色跟藍色後，將兩種顏色的奶油霜微量加入另一色中攪拌均勻，即可得到比原來彩度稍低的柔和顏色，兩色之間也會更加和諧。

更加低彩度的濁色系，除了加入對比色調和之外，可以加入微量的黑色或是灰色調奶油霜，尤其在同一組配色中，如果所有顏色中都同時加入微量的灰色調，不管是什麼顏色的配色組成都會突然變得成熟穩重。

▲上排是原本調出的顏色，下排是互相加入微量顏色後得到的顏色。

另一種方式，則是運用幾種顏色差異較大的不同顏色色膏去調製一個顏色，例如酒紅色＋咖啡色＋紫色＋綠色＋黑色，在適當的比例下會形成一個很美的濁色。但此方式需要比較深入的色彩學基礎，也可以在閒暇之餘隨性地玩玩看各種色膏的搭配，或許會有意想不到的發現。

練習調色，打造自我風格

人是一種慣性動物，當習慣了使用自己熟悉的方式調色之後，便會開始缺乏創造性，要調粉色系時永遠就是順手拿起自己熟悉的那幾罐色膏來調色。

但有時候一些很美的色調就剛好是用你從來不曾想過的幾罐色膏所調製出來的，如果對於色彩掌握度不足，或是沒那麼有自信時，你可能絕不會將這些色膏拿來搭配使用，但是它們真的是天作之合，有機會的話請你一定要試試。

例 如

Teal ＋ burgundy

Violet ＋ Green

Rose ＋ Avocado

這些色膏的搭配有時候是因無心的意外而獲得，
有時候是因為參考了其他繪畫、設計、攝影等作
品，在畫面之中尋得這個極美的顏色，並利用自
己對於色膏與奶油霜調色的知識所調製出來。

試著將所有肉眼所見的色彩都使用奶油霜近乎準確地調製
出來看看，你會發現色彩的世界非常神奇，也會發現原來一個
粉紅色能有成千上萬的模樣。

不同廠牌的色膏都有其成色的特性，我平常慣用的是 Wilton、AmeriColor、跟 Rainbow Dust 這三個廠牌。它們各別的同一顏色色膏所表現出來的成色也完全不同，我習慣搭配使用特定品牌的特定顏色，大家可以多試試自己偏好的成色效果來做選擇，有了慣用色之後，往後在調色時便可以很快速地反應應該使用什麼色膏、多少份量來調製，能省下很多時間。

什麼顏色使用什麼色膏調製出來這件事説起來很容易，但色膏配比只能憑自己的色感去體會。在最初調色練習的階段，除了基本的紅 Red、黃 Yellow、藍 Blue，還有咖啡色 Brown、酒紅色 Burgundy、黑色 Black 這幾個基本色膏就足夠。

我不推崇大家擁有完整齊全的色膏色號，首先是使用單一顏色的色膏所調製的奶油霜顏色一定不會比多色調製出來的顏色好看，再來是只要擁有常用基本色，憑著色彩學的知識，幾乎可以調出所有漂亮的顏色，透過調色訓練也更容易養成個人的色彩風格。

等到熟悉調色後，可以再從自己的常用色開始慢慢做添購，縮短整體的調色時間。

chapter

3

開始抹面之前

基底蛋糕體製作——磅蛋糕

蛋糕色彩學與設計構思

磅蛋糕是最適合作為高款 Layer cake 的基底蛋糕體，它不止堅固不易變形，而且濕潤紮實的口感與奶油霜是最佳的搭配。

看似最基礎簡單的磅蛋糕，時常因為操作中細節的小疏忽，造成最後蛋糕口感不佳，也讓許多人對於磅蛋糕望而卻步。

不少本來不喜磅蛋糕的人，在吃過我的磅蛋糕之後，總是會眼睛為之一亮，然後再也不會排斥磅蛋糕。或許不是你不喜歡磅蛋糕，只是還沒吃過好吃的磅蛋糕而已。

基本香草奶油磅蛋糕

份量：5 吋高款圓蛋糕 ｜ 烤溫：180℃ ｜ 烘烤時間：約 50 分鐘

材料

無鹽奶油 … 200g

細砂糖 … 180g

全蛋 … 200g

低筋麵粉 … 210g

無鋁泡打粉 … 6g

香草精 … 2 小匙

事前準備

01 烤箱預熱 180℃。

02 烤模抹油撒粉或鋪上烤焙紙。

03 雞蛋與無鹽奶油同時退冰至大約 18-19℃。

POINT

- 許多磅蛋糕食譜只有說明奶油需退冰至室溫，但是如同第二章「奶油霜大學問」中所提及的，烘焙是一門科學，科學要講究細節，室溫對於不同國家、不同季節、甚至每個人的定義都不同，因此退冰至室溫狀態這一點是造成許多人製作失敗的一大原因。
- 當奶油退冰回台灣夏季的室溫時，溫度可能已經超過 **22**℃，再加上打發時攪拌器與鋼盆之間的摩擦也會造成升溫，因此這樣狀態的奶油基本上是無法達成磅蛋糕所需的打發步驟。

作法

01 將退冰至 18-19℃的無鹽奶油以攪拌機中速打成膏狀。

02 加入細砂糖以中速打發約 2-3 分鐘，直到細砂糖溶解，奶油泛白呈現絨毛狀。

Point 此步驟是磅蛋糕好吃的一大重點，確實做好打發動作能有效降低失敗率。

03 將打散的雞蛋分次加入打發的奶油中，每一次都要充分攪拌均勻至看不到蛋液才可以再加入。

Point

- 將蛋黃與蛋白事先混合均勻能較快速的完成乳化，少量多次的混合也能避免材料油水分離，若真的出現油水分離現象，可先將份量內約 1/3 的麵粉過篩後加入攪拌至吸收。
- 蛋液全部混合完成後，麵糊應該還保持固態狀，甚至可以拉出一點小尖角，若最開始奶油溫度過高，或是蛋液沒有充分乳化的話，此時的麵糊就可能呈現稀稀水水或油水分離的狀態。

04 將低筋麵粉、無鋁泡打粉一起過篩後，加入麵糊中，換成軟刮刀使用切拌手法攪拌至帶有光澤感。最後加入香草精拌勻。

Point 許多人害怕加了麵粉之後會攪拌過頭造成出筋，所以在這個步驟總是沒有充分的做到攪拌均勻，而是差不多看不到麵粉就停止，但是這個細節會造成最終蛋糕口感不如預期。其實只要使用正確的切拌手法，並且使用低筋麵粉，麵糊並沒有這麼容易出筋，這個步驟請務必攪拌至麵糊滑順而且帶有一點光澤度的狀態。

05 將麵糊倒入烤模中，無需特別刮平，只要在倒完後輕敲幾下烤模使麵糊自然攤平即可。放入預熱好的烤箱中，以 180℃烘烤約 50 分鐘

06 出爐時，觀察蛋糕突起的小山丘頂部，若裂口還有油光濕濕的感覺代表還未烤熟，若裂口處呈現乾燥霧面狀，輕輕按壓蛋糕頂部，充滿彈性立即回彈，則是已經烤熟。

Point 最後將蛋糕放在網架上稍微冷卻至微溫，立即用保鮮膜包覆起來。

磅蛋糕的保存

- 磅蛋糕可以常溫保存約 1 週。然而台灣夏季炎熱潮濕，因此最佳的保存方式還是冷藏。
- 無論是冷藏或冷凍保存都需注意蛋糕保持密封，否則蛋糕水分會流失，口感變得乾硬。
- 冷藏或冷凍保存之後，食用前須先退冰回溫，待蛋糕回復鬆軟狀態再食用。

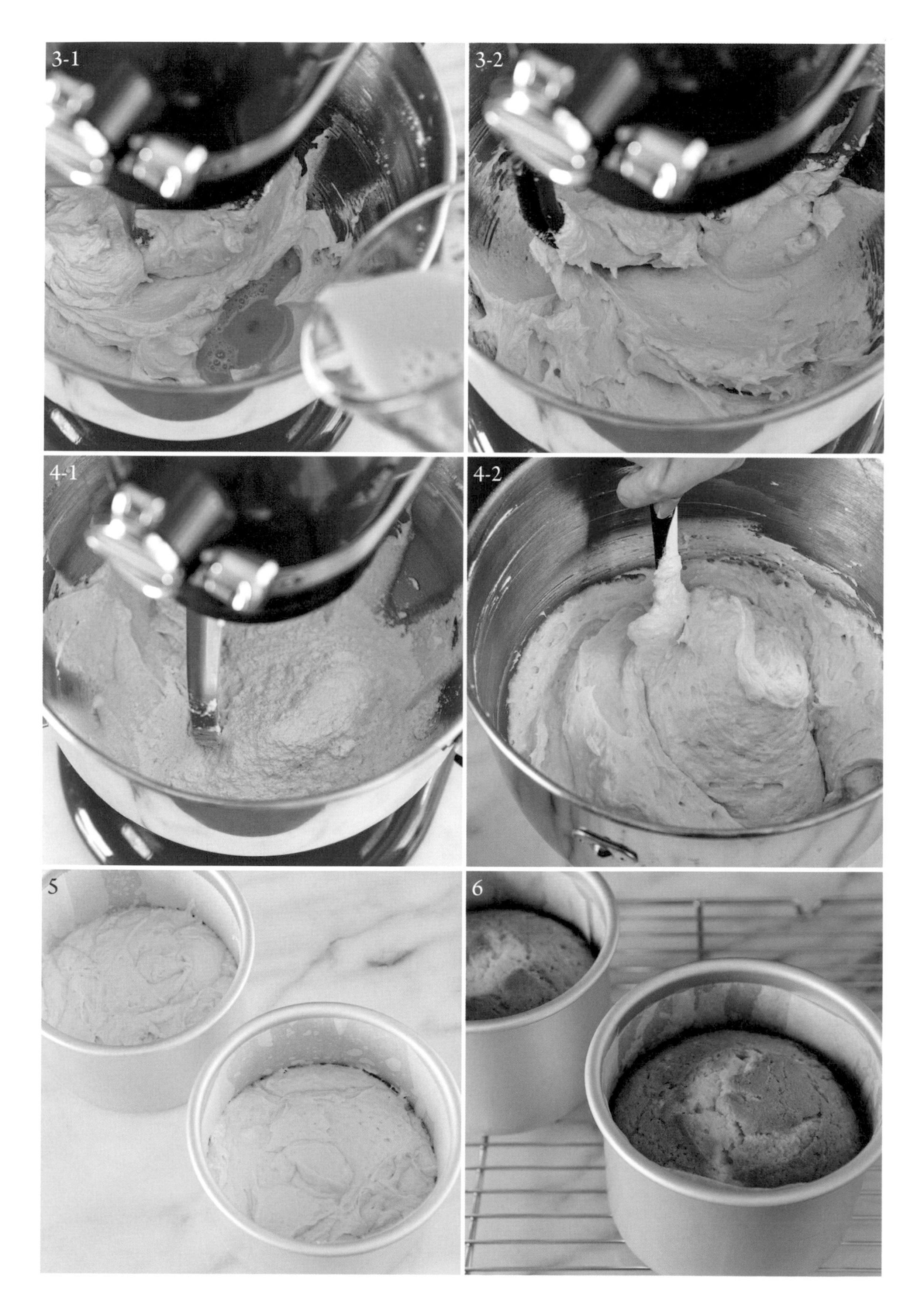
3-1
3-2
4-1
4-2
5
6

裸蛋糕製作

蛋糕分切與組裝

高款Layer cake的分切及組裝過程需要比一般常見矮款蛋糕來得更講究。

若蛋糕超過 4 層或比例越瘦高，加上較濕性的夾餡或溫度掌握不佳時，就很有可能在最後發生傾斜，甚至倒塌。

高款蛋糕的另一特性是內部層次通常少則 4 層，多則 6-8 層，甚至更多，所以在蛋糕上桌被切開時，裡面層次均勻且分明的視覺效果也是吸睛的一大重點。

因此從蛋糕分切開始，就必須確保每一片蛋糕片都是完美一致的厚度及水平，組裝時更要注意夾餡的厚度與蛋糕片的比例，最重要的是蛋糕組裝完成後不能有歪斜的狀況。

蛋糕分切法

01 使用細鋸齒蛋糕刀，握刀手盡量能靠在桌面上增加穩定度。先用蛋糕刀輕輕接觸欲分切位置，保持蛋糕刀不動，左手逆時針旋轉蛋糕，劃出一條淺淺的水平切割線。

Point 若劃線時起點跟終點的線沒有接在一起，代表蛋糕刀並沒有保持水平。輕拍掉淺痕後調整蛋糕刀水平再重新劃線。

02 劃出水平線後，蛋糕刀使用前後拉鋸的方式依著線切開蛋糕，同時逆時針旋轉蛋糕。

03 重複步驟 1-2，把蛋糕突起的部分切除。

Point 切蛋糕時不要過度用力將蛋糕刀往內推，這樣才能切出平整細緻的切面。

蛋糕組裝法

01 使用適量奶油霜黏合第一片蛋糕與蛋糕底板。

02 蛋糕片刷上糖漿。

> 【糖漿比例】
> 細砂糖：水＝1.35：1
> 一起煮至沸騰，放涼後使用。

03 放上適量的奶油霜後，使用抹刀抹平。

04 疊上第二層蛋糕，稍微下壓黏合。此時要開始注意蛋糕片的水平面與垂直面，每疊上一層都要旋轉轉台確認。

Point 在蛋糕組裝時，奶油霜突出蛋糕體的部分無須先做特別處理。

05 重複上述步驟疊加蛋糕至需要的層數。

Point 若要更換不同夾餡，則可使用擠花袋將奶油霜擠在蛋糕周圍一圈後，再填入不同口味的夾餡。

5-2

奶油霜抹面打底

抹面打底是蛋糕抹面之前非常重要的步驟。

在蛋糕體表面薄薄上一層奶油霜，不僅可以直接當成裸蛋糕（Naked cake）使用，更可以避免蛋糕在抹面之前的冷藏定型時被冰箱抽乾水分，而變得乾燥。

除此之外，打底步驟更可以將蛋糕屑固定在蛋糕表面，經過適當的冷藏後，在進行抹面時就不會有外層抹面出現蛋糕屑的惱人狀況。

作法

01 所有蛋糕片組裝完成後，在頂部放上少量奶油霜，使用抹刀抹平。

02 使用抹刀前端挖取適量奶油霜，由上至下薄薄的抹上一層奶油霜即可。

03 使用硬刮板將多餘的奶油霜去除。將刮板輕貼在蛋糕上，保持約30-45度角，同時旋轉轉台。

04 此時蛋糕頂部應該有多餘被擠上去的奶油霜。

05 使用乾淨的抹刀將上方多餘的奶油霜刮除。抹刀與蛋糕頂部須保持水平，內側翹起約30度角，由外往內收，勿施力下壓。

06 每次刮除後須將抹刀上的奶油霜清除乾淨，再做下一次的刮除動作，直到頂部平整。

完成組裝後的蛋糕便是大家
熟知的裸蛋糕基底，亦可以
直接使用裸蛋糕做裝飾。

奶油霜抹面基礎

奶油霜基礎的抹面方式可以大致分為兩種：**擠花袋法**、**直接塗抹法**，可以依照自己的習慣或抹面特性來運用在不同的抹面效果上。

對於抹面還較不熟悉的初學者，可以先運用擠花袋法來操作，可以減少塗抹相同厚度上的困難度。

而較為熟悉奶油霜及抹刀運用的人，使用直接塗抹法則能省去較多時間。

擠花袋法

01 依照 p.52 完成裸蛋糕。

02 擠花袋裝入奶油霜之後，剪開約 10mm 的開口。擠花袋口與蛋糕體保持約 10mm 的距離，力道一致，保持在同一位置，另一隻手同時以穩定速度旋轉轉台，由下至上均勻的擠在蛋糕體上。

Point 中途若奶油霜斷開，必須從斷開處開始擠，每一圈中間盡量保持無空隙，厚度均勻一致。

03 最上方奶油霜須超過蛋糕本體的高度。

04 最後將蛋糕頂部也填滿。

05 局部填補前面留下的空隙，盡可能把所有空隙填滿。

06 使用抹刀由頂部開始抹平，蛋糕面與抹刀保持約 30 度角，來回塗抹並同時旋轉轉台，力道輕柔地將奶油霜塗抹至無縫隙。

07 使用硬刮板輕輕貼合在蛋糕表面，保持約 30-45 度角，同時旋轉轉台做刮除及抹平的動作。

08 完成蛋糕側邊抹面後，此時最上方的奶油霜應該高於蛋糕頂部的抹面。

09 使用乾淨的抹刀將上方多餘的奶油霜刮除。抹刀與蛋糕頂部須保持水平，內側翹起約 30 度角，由外往內收，勿施力下壓。

10 每次刮除後須將抹刀上的奶油霜清除乾淨，再做下一次的刮除動作，直到頂部平整。

直接塗抹法

01 依照 p.52 完成裸蛋糕。

02 從蛋糕頂部開始，放上適量奶油霜後，使用抹刀來回抹平。蛋糕面與抹刀保持約 30 度角，來回塗抹並同時旋轉轉台，力道輕柔地將奶油霜塗抹至無縫隙。

Point 頂部奶油霜塗抹完成後必須要適量的超出圓形之外，這樣在最後的步驟才會有多餘的奶油霜高於蛋糕頂部，進而可以做收尾的動作。

03 使用抹刀前端挖取適量奶油霜，由側面的最上緣開始厚塗，此時奶油霜塗抹的厚度應至少在 10mm 左右。

Point 側邊塗抹奶油霜時，抹刀必須盡量保持垂直。

04 由上至下，一圈一圈的完成厚塗。

Point 在進行厚塗時切勿東塗一塊西塗一塊，並盡量保持塗抹之間無空隙，厚度均勻一致。

05 完成厚塗後，使用硬刮板輕輕貼合在蛋糕表面，同時旋轉轉台做刮除及抹平的動作。

06 完成蛋糕側邊抹面後，此時最上方的奶油霜應該高於蛋糕頂部的抹面。

07 使用乾淨的抹刀將上方多餘的奶油霜刮除。抹刀與蛋糕頂部須保持水平，內側翹起約 30 度角，由外往內收，勿施力下壓。

08 每次刮除後須將抹刀上的奶油霜清除乾淨，再做下一次的刮除動作，直到頂部平整。

蛋糕裝飾元素

接下來將介紹使用於本書中的裝飾元素，並針對食用花與鮮花分別說明挑選要點與前置處理。

蛋糕甜甜圈

份量：12 個 | 烤溫：200℃ | 烘烤時間：約 13 分鐘

材料

全蛋 … 120g
細砂糖 … 70g
蜂蜜 … 25g
低筋麵粉 … 110g
泡打粉 … 3g
香草精 … 1 小匙
無鹽奶油 … 100g

事前準備

01 烤箱預熱 200℃。
02 烤模抹油撒粉。
03 隔水加熱融化無鹽奶油並放涼備用。

作法

01 全蛋、細砂糖、蜂蜜攪拌均勻。
02 將過篩的低筋麵粉與泡打粉加入麵糊中，攪拌至無粉粒。
03 加入融化的無鹽奶油與香草精，攪拌至麵糊呈現光滑狀，放入擠花袋中冷藏一晚上。
04 烤箱預熱 200℃，麵糊擠入烤模中約 8 分滿，烘烤約 13-15 分鐘直至表面金黃。
05 出爐後靜置約 3-5 分鐘再脫模。

工具

12 連甜甜圈模具
擠花袋

5

瑞士馬卡龍

份量：約 27 個 ｜ 烤溫：150℃ ｜ 烘烤時間：約 15 分鐘

材料

蛋白 … 105g
細砂糖 … 105g
杏仁粉 … 120g
純糖粉 … 120g
色膏（依需求選用顏色）

工具

擠花袋
牙籤

事前準備

01 烤箱預熱 150℃。
02 杏仁粉與純糖粉過篩兩次。

作法

01 蛋白與細砂糖一起隔水加熱至 45℃。

02 以中高速打發蛋白至硬性發泡。
Point 若要調色可在此步驟加入所需色膏。

03 將一半的蛋白霜加入杏仁粉與純糖粉中，切拌均勻。

04 再將另一半的蛋白霜加入並切拌至滑落時呈現緞帶狀。
Point 拌好的麵糊流下時應該綿延不斷，約 30 秒左右完全攤平。

05 在烤焙紙上擠出適當大小的圓後，在工作檯上重敲幾下烤盤。

06 用牙籤消除大氣泡。

07 烤箱設定上下火 150℃，下方多墊一個烤盤，開門烘乾約 5-8 分鐘，確認表面結皮，呈現霧面狀不黏手後，拿出下方的烤盤，關門烘烤 12-15 分鐘直到出現裙邊。

7

不回潮馬林糖

份量：約 150 顆 ｜ 烤溫：90℃ ｜ 烘烤時間：約 1.5 小時

材料

蛋白 … 70g

細砂糖 … 120g

糖粉 … 40g

色膏（依需求選用顏色）

工具

擠花袋

Wilton 4B 花嘴

事前準備

01 烤箱預熱 90℃。

02 糖粉過篩。

作法

01 蛋白與細砂糖一起隔水加熱至 60℃。

02 以中高速打發蛋白至硬性發泡。

Point 若要調色可在此步驟加入所需色膏。

03 加入糖粉低速拌勻。

04 在烤焙紙上擠出適當大小後，烘烤約 1.5 小時直到完全乾燥。

Point 每一盤擠得大小盡量不要落差太大，否則烘烤時間可能會不同。

愛素糖

愛素糖在近年來備受蛋糕裝飾界的寵愛，一般大家可能只知道它是棒棒糖的原料，但其實除了製作透明漂亮的硬糖之外，它還有許多的可能性。

以下介紹愛素糖的前置準備，在後續的抹面篇章中，將會陸續介紹愛素糖的不同裝飾使用技巧。

愛素糖的前置準備

01 將愛素糖放入鍋中使用中火加熱，並使用溫度計測量溫度。

02 當溫度到達 165-166℃時離火，將鍋子放入冷水中避免溫度持續升高。

Point 愛素糖加熱切勿超過 180℃，否則糖會上色。

03 冷卻後的愛素糖泡泡消失，便可以開始添加色膏調色，以及進行下一步的裝飾使用。

Point 在操作愛素糖的過程中，建議配戴隔熱手套，以免燙傷。

融化之後的愛素糖可直接倒在烘焙墊上，利用烘焙墊可彎折的特性，形塑出不規格的線條造型（如圖Ａ），或是利用特定模具依照需求做出圓片形、柱狀等等（如圖Ｂ）。

A

B

食用花

獲取蛋糕裝飾食用花的最好途徑就是自己摘種，可確保其食用安全性，更簡單一點的方式可直接向專門種植的農場購買。

我非常喜歡逛花市，雖然不是擅長照顧植物的綠手指類型，不過逛花市不僅可以從中獲得一些色彩靈感，同時也可以多認識各種不同植物與花卉，這對於使用花卉裝飾（不論是食用花還是鮮花）上有很大的益處，會比較了解什麼季節會有哪些花的蹤跡，在設計花藝類型蛋糕時也能更加從容。

每次從花市回來我幾乎都會帶上幾盆，買回來的食用花盆栽可以先自己種植幾週，使其可能帶有的農藥代謝乾淨再使用。就像我的工作室裡總會有些香草植物與食用花盆栽，有時候需要一兩朵用來裝飾時就非常方便。

食用花若是使用無毒無農藥的方式栽種，只需簡單地用飲用水清洗即可當作裝飾與食用。

美女櫻、金魚草、萬壽菊、香堇菜、石竹……食用花種類繁多，這邊列舉出來的算是台灣較常見，並且適合用來做蛋糕裝飾類型的食用花。另外，天使薔薇、海棠、繁星花、報春花、夏堇、薰衣草、金蓮花、櫻花、迷你玫瑰等等，也都是不同季節的常見食用花。

有趣的是，除了每一種花都有不同的花期之外，食用花就跟其他食物一樣，每一種不同的花吃起來都有不同風味，有的甜、有的酸、有的苦、有的脆。

食用花的清洗處理與保鮮

買回來或從盆栽上剪下的食用花，切記不要碰水，在密封盒中放入沾濕的紙巾，將花擺入後放到冰箱冷藏，大約可保存 3-5 天。

使用前再做清洗的動作。捏住花托位置倒著浸入飲用水中輕輕搖晃（如圖 A），再放到乾紙巾上（如圖 B），將多餘水分吸乾再使用。

A

B

石竹
美女櫻
香堇菜
金魚草
萬壽菊

鮮花

一般市售（花店或花市）的鮮花都是不可食用的，除非是本身無毒，並且無農藥摘種或自種的。不過這幾年台灣也逐漸開始盛行花藝蛋糕，為避免農藥殘留或花卉本身含有毒性，在製作花藝蛋糕時應將花卉與蛋糕做「完全隔離」，確保食用之安全性。

鮮花依不同的新鮮及健康狀態，經處理過後裝飾在蛋糕上，若保持冷藏狀態，大約可以維持 12-36 小時。越新鮮健康的花，離水後可以存活越久。不同品種的花卉也各有其不同壽命，像是康乃馨通常離水後 1-2 天都還能保持其鮮活姿態，因此非常適合用來作為蛋糕裝飾。

在挑選鮮花時請務必注意鮮花的新鮮程度，切勿購買已經接近生命尾聲的花來做裝飾。另外，盡量避免挑選容易掉落、細小碎花型的花卉，有花粉及花蕊的部分須事先摘除，避免污染蛋糕。

鮮花應在蛋糕要進行裝飾前才做清洗與隔離處理，切勿提前處理好以免浸泡過水、以及未插水造成花卉凋謝枯萎。

鮮花的清洗

01 剪下花卉欲保留的部分，部分花卉需去除細刺。

02 在清水中加入適量小蘇打粉，將鮮花浸入並快速清洗（勿浸泡過久）。

Point 農藥成份屬酸性，鹼性的小蘇打粉具有去除農藥的效果。

03 取出後用紙巾輕輕將水分擦乾備用。

Point 可以再使用食用酒精擦拭一次。

在接下來的篇章中，將會介紹三種不同方式的鮮花隔離方式：單朵隔離法（詳見 P.142）、紙板隔離法（詳見 P.152）、單枝隔離法（詳見 P.160）。可依需求搭配在不同的花藝裝飾中，切記製作花藝蛋糕務必要保持花卉與蛋糕之間零接觸。

chapter

4

抹面設計與蛋糕裝飾

—— 初階系列

〈 初階系列 〉

超完美平滑系
90度直角抹面

應該所有人剛開始接觸蛋糕抹面時，認識的是最基礎的素色抹面吧？當初的我也一樣。

不過抹刀在抹面上所留下的「痕跡」，一直讓我非常在意。不管是因為手抖的不平整、奶油霜表面的氣泡，還是收尾留下的片狀抹痕等等。

「超完美平滑系 90 度直角抹面」是我多年練習與調整後的結果，它是其他花俏抹面的基礎，也是想做出「如工藝品般的蛋糕」最需要練就的基本功。

以下幾個重點是我希望蛋糕抹面完成後應該達到的狀態：

- 幾乎找不到開頭與收尾的光滑面。
- 能從蛋糕側面看到非常明顯而銳利的直角線條。
- 完成的抹面應該呈現療癒的完美圓柱體，沒有傾斜、明顯氣泡或塗抹痕跡。

要完成上述條件並非一件容易的事，甚至比起許多看似繁複而華麗的抹面還要講究力道與技巧，因此如果能掌握它，學習其他的抹面也只是小事一樁。

平滑系抹面對我來說如同一件設計作品的起點，完美無瑕的狀態，使後續創作不會因為基底的瑕疵而受影響，最簡單的裝飾設計都能使它成為一件藝術品，不再只是一顆單純的蛋糕這麼簡單而已。

– 奶油霜調色 –

粉紅色

事前準備

01 依照 p.52 完成裸蛋糕，並冷藏定型 30 分鐘以上。（如圖 A）

02 依照 p.38 準備奶油霜，確認奶油霜溫度約在 22-24℃左右，並已將奶油霜攪拌至滑順無氣泡狀態，從原色奶油霜中調製出粉紅色。

- 調粉紅色用的色膏色號：Pink + Brown + Rose

POINT
要製作出超完美平滑系抹面的一大重點便是奶油霜本身的狀態。除了溫度的掌控之外，奶油霜充分刮壓攪拌更是重要，未經過充分攪拌的奶油霜中會帶有氣泡，這些氣泡在抹面的最後操作時會不斷浮現出來，造成永遠都抹不平整的坑洞表面。（如圖 B）

A

B

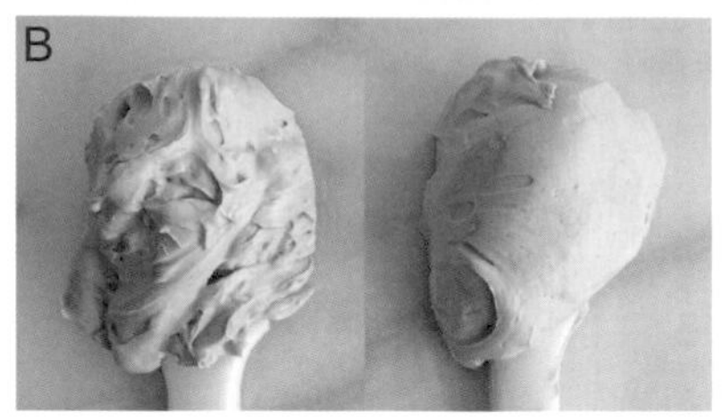

左邊是未經過攪拌的奶油霜，右邊是經過充分刮壓的奶油霜。

作法

＊此篇使用直接塗抹法做示範，若還無法掌握好亦可使用擠花袋法來操作。

01 從蛋糕頂部開始，放上適量奶油霜後使用抹刀來回抹平。

02 蛋糕頂面與抹刀保持約 30 度角，來回塗抹並同時旋轉轉台，力道輕柔地將奶油霜塗抹至無縫隙。

03 頂部奶油霜塗抹完後必須適量超出蛋糕體，這樣在最後步驟才會有多出蛋糕頂部的奶油霜可以做收尾的動作。

04 使用抹刀前端挖取適量奶油霜，由側面的最上緣開始厚塗，此時奶油霜塗抹的厚度應至少在 10mm 左右。

Point 側邊塗抹奶油霜時抹刀必須盡量保持垂直。

05 由上至下，一圈一圈的完成厚塗。

Point 厚塗時切勿東塗一塊西塗一塊，盡量保持塗抹之間無空隙，厚度均勻一致。

06 完成厚塗後，使用硬刮板將多餘的奶油霜刮除。刮板底部須貼平蛋糕底板，輕貼在蛋糕上，保持約 30-45 度角，同時旋轉轉台。

Point

- 旋轉轉台的速度一致，刮板角度過小或過大可能造成不同效果。
- 每次刮板離開蛋糕後，一定要清除刮板上的奶油霜後才能再重新接觸蛋糕，否則刮板上多餘的奶油霜會影響已經抹平的部分。

07 旋轉數圈後，將硬刮板上多餘的奶油霜刮除，在孔洞處補上奶油霜，再繼續重複上一步驟。

08 重複使用硬刮板刮除並填補 1-2 次奶油霜，直到蛋糕側面幾乎完美平滑。

Point

- 刮板在接觸與離開蛋糕抹面的瞬間是最關鍵的地方，力道必須保持輕、穩，不可過於用力將刮板往奶油霜抹面上壓，也不能只是輕撫表面，否則抹面上容易出現細紋。
- 若表面出現小氣泡，將刮板角度稍微縮小成 15-20 度左右，將氣泡壓除並同時持續旋轉轉台直至氣泡消失。

09 完成蛋糕側邊抹面後，最上方的奶油霜應該高於蛋糕頂部的抹面。

Point 切勿在完成側邊抹面前就去塗抹或刮除最上方的奶油霜，否則將無法進行接下來的收尾步驟。

10 使用乾淨的抹刀將上方多餘的奶油霜刮除。抹刀與蛋糕頂部保持水平，內側翹起約 30 度角，由外往內收，勿施力下壓。

11 此時蛋糕還未達到 90 度銳利直角，抹面也還未完美光滑。

12 將蛋糕冷藏約 10 分鐘，使用硬刮板將側面再輕輕做一次刮除動作，保持約 15-20 度角，同時旋轉轉台。此時蛋糕上方應該只有微微一點點的奶油霜高於頂部。

Point 冷藏切勿超過 15 分鐘，以免奶油霜完全硬化無法操作。

13 將抹刀外側翹起約 60 度角進行刮除。

Point 抹刀與蛋糕頂部保持水平，一邊旋轉轉台，一邊將多餘奶油霜刮除，直至頂部與側面呈現直角。

14 再次使用硬刮板，將側面再輕輕做一次刮除動作，保持約 15-20 度角，同時旋轉轉台。

15 使用硬刮板從蛋糕頂部約 1/5 處輕輕往後刮除，刮至後端 1/5 處再輕輕提起，每次刮除後旋轉蛋糕約 1/4 圈再進行一次刮除。重複步驟 14-15，直到表面無瑕疵並呈現完美銳利的直角。

Point 完成後可以使用蛋糕水平儀測量蛋糕頂部是否為水平狀態，蹲低與蛋糕同高以目測觀察蛋糕側邊之視覺效果是否呈現直角。最後將蛋糕移至冷藏定型至少 30 分鐘再進行裝飾。

刮板操作角度
與抹面之間存在著
極其重要的關係

許多人沒有辦法好好地掌握抹面，是因為沒有注意到刮板操作的角度。

在抹面的製作過程中，刮板的運用上只要一點點的角度變化就會造成全然不同的效果，除此之外，力道過大可能會刮除過多奶油霜，或是使抹面上留下刮板頓痕，力道過輕刮板沒有完全貼合則會留下坑坑疤疤的痕跡。

要得到什麼樣的抹面效果，刮板在操作上要呈現什麼角度與力道，是抹面的最大學問，也是經驗累積。

能掌握好刮板適宜的角度，加上手的穩定度與適當的力道，就能掌握任何你想要達到的抹面效果。

〈 初階系列 〉

漸層系抹面

漸層系抹面是平滑系的進階版，技巧相同，唯獨在顏色漸層變化上需要多費些功夫。

漸層變化非常多元，可以依設計需求調整為不同方向的漸層，亦可以使用不同色相的漸層，像是紅漸層到橘，綠漸層到藍，需要注意的是在做不同色相漸層時，選擇色相環相鄰的類似色，漸層效果會較自然，顏色調製上的困難度也相對較低。

另外，顏色漸層的色差斷面若過於明顯，那就會變成橫條紋抹面，失去漸層的意義。因此在製作此抹面時，對於顏色上的調整需要多一點耐心，一顆高款蛋糕至少要調製5-6 個漸層色階，最好是能達到肉眼分不太清楚色階的分界點，這樣效果才會漂亮自然。

– 奶油霜調色 –

橙黃色

鵝黃色

淺鵝黃

米黃色

原色

事前準備

01 依照 p.52 完成裸蛋糕，並冷藏定型 30 分鐘以上。

02 依照 p.38 準備奶油霜，奶油霜操作溫度約在 22-24℃左右，將奶油霜攪拌至滑順無氣泡狀態。先調出整個抹面中最深的色階，然後分出部分加入原色奶油霜攪拌均勻，再從第二個色階中分出部分加入奶油霜，以此類推調製出 5-6 個色階變化。

- 調色用的色膏色號：Golden Yellow + Orange + Brown + Black

作法

01 擠花袋裝入最深（或最淺）顏色的奶油霜，剪開約 10mm 的開口。擠花袋口與蛋糕體保持約 10mm 的距離，力道一致，保持在同一位置，另一隻手同時以穩定速度旋轉轉台，由下至上均勻的擠在蛋糕體上。

02 大約擠 2-3 圈之後就換下一個色階的顏色。

Point 中途若奶油霜斷開，必須從斷開處開始接著擠，每一圈中間盡量保持無空隙，厚度均勻一致。

03 重複上述步驟直到使用完所有色階的奶油霜，最上方奶油霜須超過蛋糕本體的高度。

Point 要達到完美和諧的漸層效果，蛋糕上的奶油霜每一圈顏色落差應該非常細微，甚至分不清楚換色的分界處。

04 使用最後一個色階的奶油霜，將蛋糕頂部填滿。

05 使用硬刮板輕輕貼合表面，保持約 30-45 度角，同時旋轉轉台，做刮除及抹平的動作，直到表面幾乎平整。

06 使用抹刀將頂部由外而內稍微抹平，蛋糕面與抹刀保持約 30 度角，從外往內收。

07 依漸層分布的顏色，局部填補之前留下的空隙，盡可能把所有空隙填滿。再次使用硬刮板輕輕貼合在蛋糕表面刮除多餘奶油霜，直到蛋糕側面完美平滑。

Point 填補空隙時一定要依照原本漸層的色階。

08 使用乾淨的抹刀將上方多餘的奶油霜刮除。依照p.80（超完美平滑系 90 度直角抹面）步驟 10-15 完成最後的收尾動作。

進階裝飾

漸層系甜甜圈設計款蛋糕

配色法：類似色

蛋糕色彩學與設計構思

在做設計構思時首先要了解對象與場合，這顆蛋糕的對象是小女孩，因此選擇了同樣會使人聯想到可愛的甜甜圈，搭配柔和的暖色調。

從色彩學的角度切入，單色或類似色不僅很適合做漸層系抹面，而且視覺上整體性很高，不容易出錯，是色彩學搭配初學者很容易上手的配色方式。從整體設計來說，依照我的經驗，小朋友一般偏好重複性或數大便是美的邏輯，又或者是單一性且主題明確的設計，例如整個蛋糕是一個超巨型甜甜圈。

在做「堆積」款式的設計時，我會盡可能讓裝飾物呈現出一座小山狀，這樣才符合正常堆積物的邏輯。設計本應掌握合乎常理這個大原則，才會讓人感覺舒服，不會讓觀者覺得突兀、奇怪（除非是刻意要製造非自然的特殊效果）。

同時，除了蛋糕正面必須完美，應注意蛋糕一整圈 360 度都是完整的小山狀，不要讓蛋糕側面或後面有明顯不合理的空洞。蛋糕是立體而非平面的，因此也必須是用立體構成的思維去擺放它，不能只單就完成品的正面做設計。

身為主角的甜甜圈，我選擇使用兩種不同尺寸，因為蛋糕甜甜圈的形狀固定，所以在堆積時會造成較大的空隙，也不容易在這麼小的面積內固定出合理的小山狀（若是 8 吋以上的蛋糕或許可行）。若換成傳統的炸甜甜圈，它的可塑性及柔軟性較佳，或許不需特意使用兩種尺寸。

小亮點的部分選擇了馬林糖點綴，一方面是為了填補小空隙使堆積更加合理，另一方面則是為了讓形狀有所跳脱。如果整體全部都是圓形狀的甜甜圈，視覺上感覺較無聊，但在充滿圓形的空間中放入一點帶有尖角的馬林糖，會使視覺產生亮點，但必須注意不宜過多，以免失去亮點的意義。

蛋糕上方採堆疊設計，視覺感受是較厚重的，若下方沒有加上裝飾，蛋糕會顯得稍微頭重腳輕。選擇壓碎的馬林糖，除了製造視覺平衡外，同時也與上方設計做呼應，避免元素過多造成雜亂。

對於蛋糕設計初學者，我會建議先從主題明確、配色及元素都不超過 3 種的設計開始嘗試，以避免製造出過於混亂的造型。

準備

白巧克力
油性色膏 色號：Yellow Candy、Orange Candy
蛋糕甜甜圈（依照 p.62 製作）
糖珠
馬林糖（依照 p.66 製作）
奶油霜（抹面用剩的鵝黃色奶油霜 & 原色奶油霜）

工具

小湯匙
抹刀
牙籤
Wilton 4B 花嘴
擠花袋
刮板
鑷子

作法

巧克力淋面（線條感）

01 白巧克力以每次微波 15-20 秒方式融化，待溫度降至大約 35-36℃，使用小湯匙先從蛋糕外側開始製作淋面。

02 控制每一條滴落痕跡長短不一致，增添層次效果。

03 當外側淋面完成時，迅速將剩餘的巧克力淋在蛋糕頂部位置。

04 使用乾淨抹刀輕輕推平巧克力。

Point 製作巧克力淋面時，動作必須迅速，以免巧克力凝固而留下明顯銜接痕跡。切勿反覆滴淋同一位置，若是滴落痕跡不理想，盡可能事後以其他裝飾來做遮蓋修補。

蛋糕甜甜圈裝飾

05 將融化的巧克力（免調溫或調溫好的均可）使用牙籤沾取適量油性色膏調色。

06 攪拌均勻後輕敲，使氣泡消失。

07 將蛋糕甜甜圈面朝下沾附巧克力，垂直上移後待多餘巧克力滴完，再沾附一次。

08 趁巧克力未凝固前撒上裝飾糖珠。待巧克力完全凝固。

INFO

巧克力淋面（Dripping）可以單純使用融化的巧克力，亦可使用較稀的甘納許來製作，各有不同口感與淋面之效果，不同品牌的巧克力及鮮奶油製作出來的淋面也會有所不同。

1
2
3
4
5
6
7-1
7-2
8

蛋糕裝飾組合

09 將抹面剩下的鵝黃色奶油霜重新混合均勻，放入裝有 Wilton 4B 花嘴的擠花袋中一側，另一側裝入原色奶油霜，並使用刮板將袋中奶油霜均勻推至擠花袋口。

Point 此步驟可使擠花呈現雙色效果。

10 使用擠花袋時，務必將袋中所有奶油霜推到袋口處，並將後方多餘擠花袋轉緊繞在手指上，手掌完整握著擠花袋，這樣擠花時才能保持力道均勻，並且奶油霜才不會從擠花袋後方溢出。

11 待巧克力淋面完全凝固後，先拿裝飾物模擬欲擺放位置。確定好大致位置後，使用奶油霜或巧克力固定蛋糕甜甜圈。

Point 堆疊時必須確保結構的穩固性，若中間有過大的間隙需找相似尺寸的裝飾物填補，以免造成結構不穩而倒塌。

12 使用馬林糖、奶油霜擠花及糖珠做空隙填補與點綴，增添整體的豐富度。

Point 堆積擺放時一定要隨時確認蛋糕的正面效果，是否有遺漏的空洞、瑕疵，或比例位置，盡量不要讓蛋糕只有正面是完整的，保持 360 度觀看角度都均衡。

13 最後將馬林糖壓碎裝飾在蛋糕底部一圈。

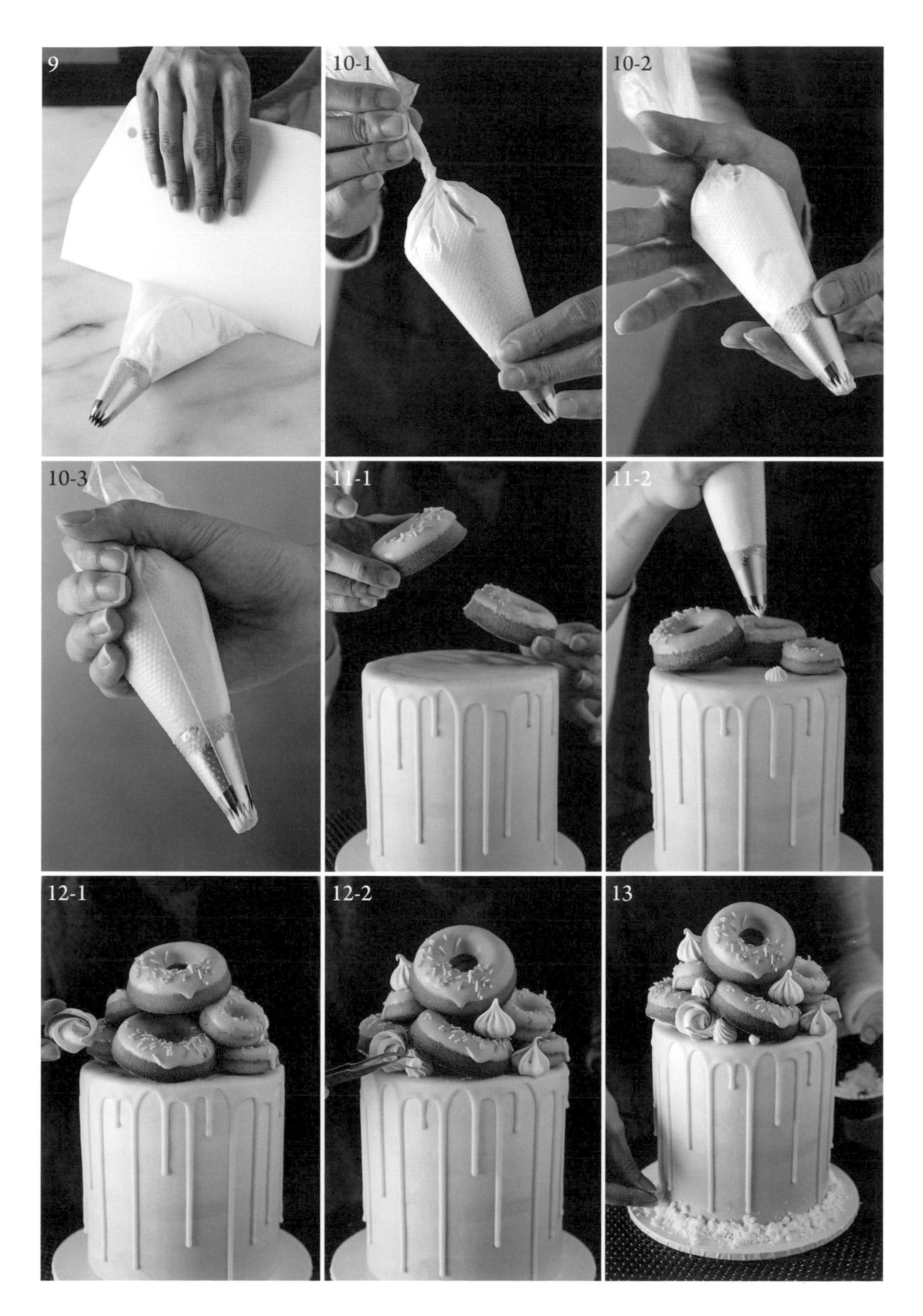
9
10-1
10-2
10-3
11-1
11-2
12-1
12-2
13

〈 初階系列 〉

分層型
漸層系抹面

許多看似不同效果的抹面其實都是運用基本技巧轉化而來的。同樣是漸層，卻可以運用不同技法來達到另一種效果的漸層型態，前面章節中示範的是平滑型的漸層效果，而這裡示範的則是帶有層次感的漸層抹面。

像是山水畫中層層疊疊的山景，近看更是跳脫了平滑系抹面那完美無痕的效果，使抹面帶有質地感，更適合用於性格強烈一點的蛋糕設計搭配之中。

– 奶油霜調色 –

靛藍色

靛青色

水藍色

淺藍色

原色

事前準備

01 依照 p.58 完成蛋糕的抹面基礎，並冷藏定型 30 分鐘以上。

Point 此抹面的漸層感會透過奶油霜層層堆疊，因此開始的抹面基礎打底可以稍微透過刮板角度調整，使蛋糕呈現微微的倒梯形，如此在抹面漸層堆疊完成後蛋糕才不會呈現梯形狀。

02 依照 p.86 將奶油霜調製出 4-5 個色階變化。

- 調色用的色膏色號：Royal Blue + Brown + Black

作法

01 使用抹刀前端挖取適量最淺色階的奶油霜，從蛋糕約一半的位置開始做薄塗。

Point 注意抹刀保持垂直，後端切勿觸碰到原色底層。

02 盡量使其高低不平整，並且呈現不規則狀。

03 使用硬刮板輕輕貼合在第一層顏色的表面，保持約 30-45 度角，同時旋轉轉台做刮除及抹平的動作，不需刻意使奶油霜完全平滑，只要讓第一層顏色薄透即可。

Point 刮板角度需與蛋糕角度保持水平，盡可能不要接觸到原色底層。

04 使用抹刀前端挖取適量下一個色階的奶油霜，塗抹在前一色階下方，保持不規則，每一層顏色的高低幅度盡可能錯開。然後使用硬刮板輕輕貼合在第二層顏色的表面，保持約 30-45 度角，同時旋轉轉台做刮除及抹平的動作。再塗抹下一色階。

05 重複步驟 4，直到使用完所有色階的奶油霜，並塗抹到蛋糕最底部。完成後，將蛋糕冷藏約 15 分鐘。

Point 此時蛋糕應該由倒梯形回到圓柱狀。

06 再使用乾淨的抹刀將上方多餘的奶油霜刮除。抹刀與蛋糕頂部保持水平，外側翹起約 30 度角，由外往內收，勿施力下壓。

07 刮除奶油霜，直到頂部平整光滑。

進階裝飾

漸層系馬卡龍花園設計款蛋糕

配色法：單色

準備

馬卡龍
（依照 p.64 製作）

糖珠

奶油霜

工具

Wilton 1M 花嘴

擠花袋

作法

01 在馬卡龍上擠入適當奶油霜，將兩片馬卡龍組裝好。

02 使用 Wilton 1M 花嘴，先在蛋糕頂部做上記號。

03 在做記號的地方擠上等量的奶油霜。

04 放上馬卡龍與糖珠裝飾。

〈 初階系列 〉

渲染系抹面

在調製渲染系抹面配色時，我通常會加入白色（原色奶油霜）作為其中的搭配，它不僅可以當作不同顏色渲染的過渡色，進而使不同顏色互相無隔閡的融合，更能使每個顏色本身擁有自然的色階漸層。

整體抹面的配色（含白色）通常盡可能控制在 3-4 種內，白色加上深淺落差較大的單色搭配是最不容易出錯的，另外色相環中相鄰或任意 90°角之內的類似色也是很適合的搭配，至於使用對比色或互補色這樣的跳色搭配相對會稍微困難些，不過若是操作熟練，並且能掌握好明度、彩度與不同色相混合後的調性，亦能創造出有特色的渲染效果。

在製作渲染系抹面的過程中，不同顏色的奶油霜會彼此互相混合，因此應避免將兩種顏色調得過於相近，否則渲染後得到的效果會非常有限。例如使用粉紅色跟桃紅色這兩種顏色時，可以盡量拉開兩者的明度與彩度，使用高明度低彩度的淺粉紅，配上低明度高彩度的桃紅色，這樣渲染效果會更理想。

在製作渲染系抹面時，硬刮板操作的動作最理想是在 3 次內結束，過多次數的刮除動作會使顏色全部混合、甚至是融合在一起，近似色的搭配最後可能會變成單色效果，而跳色則可能會混合出髒髒的濁色。

越少的色彩，如 2 種顏色的渲染效果，會比 3 種以上更加明顯強烈，渲染完成會偏向雲朵感。而 3 種以上的色彩渲染效果會讓色彩濁度增加，完成後偏向雲霧感。

– 奶油霜調色 –

紫色

粉紅色

原色

事前準備

01 依照 p.58 完成蛋糕的抹面基礎，並冷藏定型 30 分鐘以上。

02 依照 p.38 準備奶油霜，奶油霜操作溫度約在 22-24℃左右，將奶油霜攪拌至滑順無氣泡狀態。從原色奶油霜中調製出紫色與粉紅色。

- 調紫色用的色膏色號：Violet + Burgundy + Rose
- 調粉紅色用的色膏色號：Pink + Brown

作法

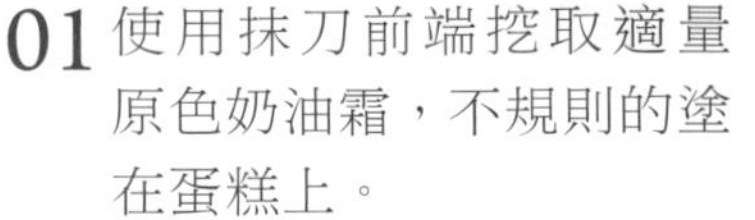

01 使用抹刀前端挖取適量原色奶油霜，不規則的塗在蛋糕上。

Point 位置和塗抹的尺寸大小盡量不規律。若事先決定此蛋糕設計會於之後加上巧克力淋面，則頂部可省略渲染操作，只需完成基礎打底。

02 重複前一步驟，將另外兩種顏色做不規則塗抹，此時無須刻意將整個抹面填滿。

03 使用硬刮板輕輕貼合在蛋糕表面，保持約 30-45 度角，同時旋轉轉台做刮除及抹平的動作，大約旋轉蛋糕 1-2 圈即拿起刮板。

04 重複步驟 1-2，填補之前留下的空隙。

05 再次使用硬刮板，重複步驟 3 的刮除和抹平動作。

06 重複步驟 1-3，直到抹面無明顯空隙及孔洞，近乎平滑完美。

Point 硬刮板使用最理想是在 3 次之內完成，每多操作一次這個過程，顏色的濁度會增加，渲染效果也會趨於融合。

07 使用乾淨的抹刀將上方多餘的奶油霜刮除。依照 p.80（超完美平滑系 90 度直角抹面）步驟 10-15 完成最後的收尾動作。

美麗的細緻渲染感
取決於刮除的方式

渲染系抹面的技巧跟平滑系抹面、漸層系抹面等不太相同的地方在於，後兩者在操作硬刮板時，刮板應盡可能輕貼在蛋糕上，並持續旋轉轉台直至平滑才將刮板拿起。

而渲染系抹面若以這樣的方式製作，最後顏色必定會全部融合在一起。想要渲染得漂亮且保留著不同顏色細緻的渲染感，就必須讓刮板只做短時間刮除後馬上拿起，清除刮板上多餘的奶油霜後，再進行下一次補色與刮除。

進階裝飾

渲染系食用花花園設計款蛋糕

配色法：類似色

蛋糕色彩學與設計構思

粉紫色調的配色通常給人較女性化、浪漫的感受，而最常見的食用花色彩也屬紅、粉、紫這類顏色居多。

在做蛋糕設計規劃時，色彩搭配不只需符合主題性，更需要注意的是，若可能使用非自己製作的素材，或無法掌控其中的條件（如顏色、型態等），須在設計規劃之初將其特點一同考慮進去。

食用花也很適合用來裝飾隨性感較強的蛋糕設計，因為花本身的型態各異，同時又帶有柔軟與可分解性的特點，它不容易被工整的擺放，但它豐富的細節紋理很容易使蛋糕給人浪漫又繽紛的感覺。

在進行蛋糕裝飾時，若蛋糕設計的設定是包含多種不同元素的話，原則上我習慣統一先由所有元素中尺寸最大或最結實穩固的物件開始做擺放設計。

由大至小來擺放物件較不容易造成事後調整的困難，通常最大的元素不是主視覺就是用來當做結構基底的，設計整體的主視覺本就該最先給它安排好適合的位置，而結構基底就更應該是先放好位置來支撐其他元素。

就造型而言，一般來說堆疊物件的裝飾上，擺放成任意的三角型態是最佳選擇，三角形符合堆疊常理概念，而且三角形給人一種結構穩定中又帶有動態變化的心理感受。盡可能避免堆疊物中間出現空隙或大的孔洞，這樣會給人一種結構不穩固的感覺，同時確實也很容易因為不穩而在蛋糕搬運過程中坍塌。

為避免蛋糕下方過於單調，在三角形尖端的對立方（左下側）也擺上裝飾，在調整蛋糕整體的視覺平衡之餘，又可以增添豐富度，很適合在蛋糕上方設計出現三角型態或是配色比例不均時，用來做視覺平衡的調整。

準備

白巧克力
油性色膏 色號：Pink Candy、Black Candy
馬卡龍（依照 p.64 製作）
奶油霜
馬林糖（依照 p.66 製作，備不同造型）
食用花
糖珠
金箔

工具

抹刀
鑷子

作法

巧克力淋面（自然感）

01 白巧克力以每次微波 15-20 秒方式融化，使用油性色膏調出跟抹面中類似的粉紅色。待溫度降至大約 35-36℃，將巧克力從蛋糕頂部倒下，大約流至離蛋糕邊緣約 10mm 距離時停止。

02 使用乾淨抹刀輕輕將巧克力由內而外順著同一方向推平。

Point 抹刀輕觸巧克力即可，切勿過度施力刮起下方奶油霜。

蛋糕裝飾組合

03 待巧克力淋面完全凝固後，將組裝好的馬卡龍用奶油霜固定，做整體位置佈局的基底。

Point 在此篇蛋糕設計元素中，最紮實可靠的便是馬卡龍，因此它應該被放在基底支撐其他裝飾物。

1
2-1
2-2
3

04 接下來放上不同造型的馬林糖，注意高低落差及每個物件之間的空隙。

Point 盡可能讓所有元素貼近在一起，一方面是增加結構穩固不容易崩塌，另一方面是空隙及孔洞容易造成視覺上的不舒服。蛋糕下方亦可增添一些裝飾元素做呼應。

05 依照 p.70（食用花介紹）清洗並擦乾食用花。挑選較大空隙的部分，使用食用花來做填補。

Point 食用花就算是相同品種，每一朵也可能有不一樣的成色，盡可能將不同花種、大小及顏色交錯擺放，增添活潑性。

06 最後使用金箔、糖珠及馬林糖碎做妝點。

4

5

POINT

相較於前一章示範的「線條感淋面」，較能依自己的喜好掌控每一條低落痕跡的長短及粗細等，此篇示範的「自然感淋面」幾乎無法事先預測淋面完成後的效果，不過線條的流暢度會更加自然不刻意。

因此在開始製作之前，我會依據不同蛋糕的設計風格來決定要使用哪一種淋面技巧。若是設計風格偏向自然、隨性、奔放，我會選擇使用自然感淋面；而若是蛋糕設計風格較細膩、工整，則選用線條感淋面。

小細節總是考驗著設計一體性的關鍵處，我認為每一顆蛋糕設計都並非只是單純隨性而為或偶然的創作，而是一連串設計思考過程與邏輯佈局的呈現。

INFO

食用花這幾年漸趨普遍，有些進口超市也買得到整盒的花卉。新鮮花瓣的色澤和姿態各異，能夠輕易營造出自然唯美的氛圍，運用在蛋糕設計上時，也能夠提升整體的層次豐富度，但要避免過量使用而抓不到重點。

〈 初階系列 〉

星空系抹面

星空系抹面無疑是渲染系抹面的進階版，只是要製作出像是銀河系般的絢麗星空，配色上自由度就沒有這麼高，否則結局就是得到另一顆渲染系抹面。

在調製擬真類型的配色時，對於色感的掌握度會非常重要。因為大家都看過星空、看過銀河（的照片），所以一看就知道像不像，同理也一樣能運用在其他擬真的抹面或裝飾上，當擬真度不夠通常會得到兩種結果：做得可愛細緻會變成兒童版，做得不可愛又粗糙就會不倫不類。

除了調色上必須真實的模擬出實際肉眼所見的色彩之外，在製作渲染效果時，還需了解不同顏色混合後可能得到的「混色效果」，渲染系抹面最有趣的地方就在於雖然你只用了 3 個顏色，但完成的抹面因為混色效果可能會得到 5-6 種可辨認出的色彩，這也是其中最困難的地方。

若能預先知道混色後可能會得到哪些顏色，那對於渲染將會更得心應手，更可以用最少的顏色得到最多的色彩。

除此之外，與渲染系抹面的另一不同之處在於，為了使星空渲染效果更加明顯，避免硬刮板操作次數過多，星空系抹面事先做了主色打底，有了打底的柔軟奶油霜會更加容易混入其他顏色的奶油霜，也更容易在最少的刮板操作次數下，獲得既平滑、渲染效果又漂亮的抹面。

－ 奶油霜調色 －

星空藍

藍綠色

淺紫色

深紫色

深藍色

事前準備

01 依照 p.52 完成裸蛋糕，並冷藏定型 30 分鐘以上。

02 依照 p.38 準備奶油霜，奶油霜操作溫度約在 22-24℃左右，將奶油霜攪拌至滑順無氣泡狀態。從原色奶油霜中調製出星空藍、藍綠色、淺紫、深紫、深藍。

- 調星空藍用的色膏色號：Royal Blue + Navy Blue + Black
- 調藍綠色用的色膏色號：Sky Blue + Burgundy + Black + Teal
- 調淺紫色用的色膏色號：Violet + Sky Blue + Royal Blue
- 調深紫色用的色膏色號：Violet + Royal Blue + Black
- 調深藍色用的色膏色號：Royal Blue + Navy Blue + Black + Violet

03 準備小牙刷及銀色食用色素。

作法

01 先由主色調星空藍開始，於蛋糕頂部放上適量奶油霜。

02 蛋糕頂面與抹刀保持約 30 度角，來回塗抹並同時旋轉轉台，力道輕柔將奶油霜塗抹至無縫隙。

Point 頂部奶油霜塗抹完成後必須要適量的超出圓形之外，這樣在最後的步驟才會有多餘的奶油霜高於蛋糕頂部，進而可以做收尾的動作。

03 使用抹刀前端挖取適量奶油霜，由側面的最上緣開始厚塗，此時奶油霜塗抹的厚度應至少在 10mm 左右。

Point 側邊塗抹奶油霜時，抹刀必須盡量保持垂直。

04 由上至下，一圈一圈地完成厚塗。

Point 在進行厚塗時切勿東塗一塊西塗一塊，並盡量保持塗抹之間無空隙，厚度均勻一致。

05 使用硬刮板輕輕貼合在蛋糕表面，保持約 30-45 度角，同時旋轉轉台做刮除及抹平的動作，直到表面幾乎平整。

06 這個步驟只是先做一層主色的打底，因此，此時抹面還稍不平整。

07 接下來將深藍、深紫、淺紫、藍綠色的奶油霜依序塗抹在抹面上，做出不規則的色塊，盡量從先前留下的大空隙開始填補。

08 再次使用硬刮板重複步驟 5。

Point 此步驟完成後整體抹面應該已經近乎平滑。

09 透過特定位置少量補色的方式，將色彩不足或過度混合的地方做顏色加強後，再次使用硬刮板抹平。

Point 此時抹面效果已經接近平滑，操作不宜再刮除過多奶油霜，因此調整刮板角度，縮小至大約 15-20 度，並減輕力道，減少奶油霜被刮除的量。

10 使用乾淨的抹刀將上方多餘的奶油霜刮除。依照 p.80（超完美平滑系 90 度直角抹面）步驟 10-15 完成最後的收尾動作。

11 使用小牙刷沾取銀色食用色素，噴灑在蛋糕抹面上。

Point 注意遠近、力道等因素造成的噴灑效果會不盡相同，切勿噴灑過於平均，盡可能模仿銀河系中的星星有些群聚、有些零星的效果。

進階裝飾

星空系弦月與星球設計款蛋糕

配色法：互補色

蛋糕色彩學與設計構思

這顆蛋糕設計特別之處在於，除了運用到互補色對比，同時還運用了明暗對比、彩度對比、寒暖色對比、以及形狀對比。大面積深藍色調的抹面、與同色系的星球巧克力，使一抹明月更具存在感。

互補色及對比色的視覺衝擊比其他配色都來得強烈，在運用上份量與比例的搭配尤為重要。同時搭配了明暗對比，若配色比例是相反或是均等，呈現出來的效果則截然不同。在做色彩佈局時，亦可以透過主題性本身的特色來選擇配色方式。

在造型上，圓柱狀的蛋糕體、圓形的星球，如果再搭上一顆圓滾滾的滿月，這顆蛋糕就會少了個性與戲劇性，多了一份平庸感。形狀上的對比反差之於整體設計也是非常重要的，在大量的圓形素材中，加入了圓中帶尖的上弦月造型，使月亮本身更為引人注目，同時也打破了形狀的重複性，增添趣味感。

上述所描述的色彩、比例、造型等運用並非無中生有，它們都是直接可以從大自然中觀察到的天然佈局，一樣是合乎常理，甚至是大家每天晚上抬起頭就能看到的景象。

若能細心體會身邊的一景一物，便會發現處處皆有好設計，不管是天然或是人為的，像是住家周圍的建築型態、隔壁鄰居盆栽的高低起落、高處往下看時人流的疏密聚落、路邊的破舊海報或廣告傳單等等，培養美感這件事並非是能從教科書中學習的，最簡單的方式就是時時刻刻留心注意身邊的人事物。

在製作漂浮的星球巧克力時，對於結構重心的了解非常重要，就像手上拿著一個不規則狀的物件時，要如何讓它僅靠單點就在指尖平衡是一樣的道理。

我曾經開過漂浮巧克力球的蛋糕設計課程，發現很多學生找不到球的重心點，堆一堆之後總會在某個點崩塌，或是怎麼黏就是黏不住，這都是因為沒有黏合在重心上，亦或是對於立體結構組成沒有概念。

三個點的支撐是最穩固的，再來是兩個點，越大的球在半空就需要越多點做支撐。而往上懸浮的球，要配合下面的整體重心來做佈局，不能全部朝一邊漂浮，空心的巧克力球很輕，很容易因為重量集中一側而倒塌。

總的來說，漂浮球在整體結構組成與重心黏合上會需要多加留意，這樣在運送移動的過程中也能確保其穩固性。

準備

翻糖

水性色膏（翻糖月亮用） 色號：Golden Yellow、Lemon Yellow

義大利麵條（或竹籤）

金色色粉

白巧克力

黑巧克力

油性色膏（星球巧克力用） 色號：Navy Blue、Black

糖珠

金箔

工具

擀麵棍

圓形切模 直徑 6cm 與 9cm 各一個

半圓巧克力模具 直徑 3.2cm 與 5cm 各一種

筆刷

巧克力鏟

鑷子

作法

翻糖月亮

01 將翻糖染成鵝黃色，擀平約 3mm 厚度左右。先用大的圓形切模壓出一個圓。

02 再用小的圓形切模壓出上弦月形狀。

03 乾燥約 24 小時後，插入義大利麵條或竹籤。

04 刷上金色色粉。

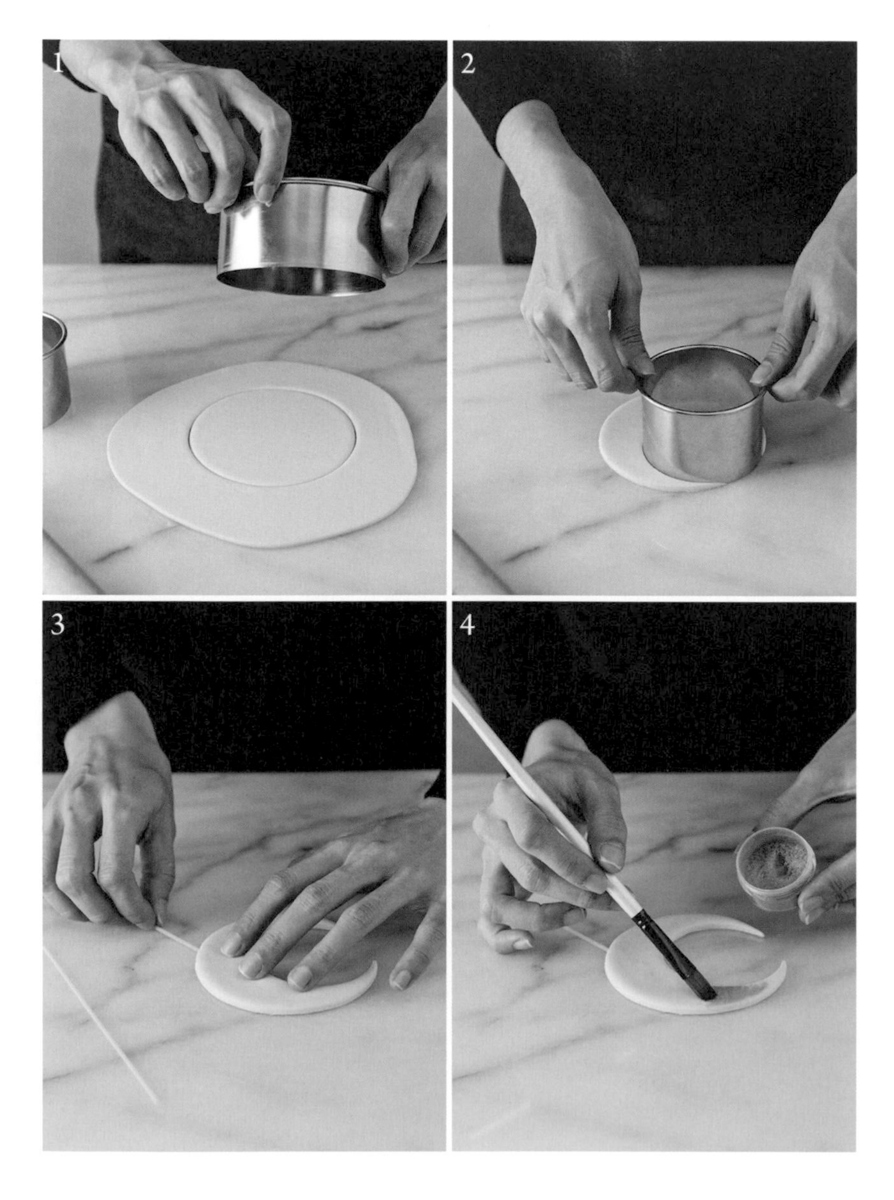

星球巧克力

05 將融化的白巧克力（免調溫或調溫好的均可）使用油性色膏調出淺灰與藍色調。用筆刷分別將兩種顏色塗在半圓巧克力模具中。

06 待巧克力凝固後，倒入融化的黑巧克力約 9 分滿，將模具拿起稍微旋轉使巧克力完全沾附。

07 將模具翻轉，倒出多餘巧克力後，使用巧克力鏟刮除多餘的巧克力。

08 將模具倒放，待凝固後再次使用巧克力鏟刮下多餘巧克力，最後脫模。

09 將平底鍋（或蛋糕模底部）稍作加熱，將半圓巧克力的剖面放上去融化 1-2 秒後，立即黏到另一個半圓巧克力上，組裝成圓球狀。

蛋糕裝飾組合

10 先將翻糖月亮插入蛋糕頂部靠右位置，注意義大利麵或竹籤不能露出。

11 接下來在蛋糕頂部左側位置裝飾星球巧克力，使用融化巧克力做黏合。注意不同尺寸的星球、比例、位置等視覺效果呈現。

Point 製作懸浮巧克力球時，需注意每顆球之結構支撐的重心位置做黏合，若重心位置不對很可能造成崩塌。

12 沿著銀河星星的走向放上糖珠裝飾。

13 最後在月亮上點綴金箔增添亮點。

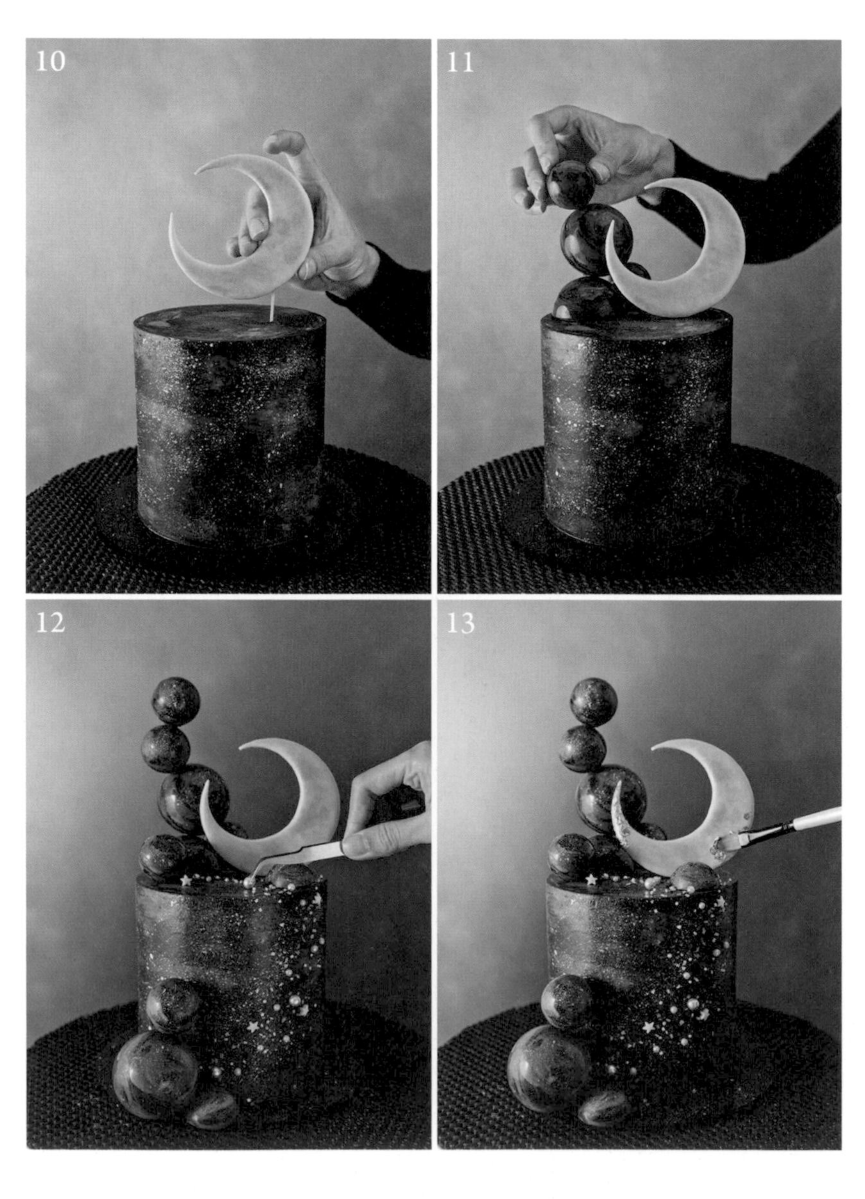

〈 初階系列 〉

抽象畫抹面

在前面的篇章中示範的多是平滑系列的抹面質地，接下來則要開始進入粗糙系列的抹面質地，也是我最喜歡的奶油霜抹面效果。

從平滑進入到粗糙就代表開始出現肌理與紋路，這些抹面效果增添了奶油霜的不同可能性，但同時也必須先充分了解奶油霜的特性，才能將這些肌理變化運用自如。

在製作抽象畫抹面時，蛋糕體表面溫度需保持在 10-12℃左右，以確保不同顏色的奶油霜在做刮除時不會如同渲染系抹面一樣混在一起。使用刮板時力度要減輕，保留奶油霜的紋理感，卻又適度的讓整個抹面融合，不至於像油彩系抹面一樣筆觸明顯強烈。

每次填色時都要注意，在前一次刮板操作時留下的過多平滑面都要盡量再補上同色的奶油霜，使整個抹面都賦有豐富的肌理與紋理。甚至有些用抹刀塗抹的筆觸不需特別再使用刮板操作，保留著塗抹筆觸。

我的習慣是保持筆觸方向一致，如此篇示範從頭至尾都是上下塗抹的筆觸，當然想要在同一顆蛋糕上使用不同方向性的筆觸也不是不行，不過抹面的效果會更複雜，若再搭配 3 種以上的配色，很有可能會過度繁複。

完成的抹面應該 360 度、每一面、每一色之間都有極美的肌理感。

－ 奶油霜調色 －

深綠色

淺綠色

紫色

橘色

原色

事前準備

01 依照 p.52 完成裸蛋糕，並冷藏定型 60 分鐘以上。

Point 製作此抹面時需保持蛋糕體表面溫度在 12℃以下，因此蛋糕體冷藏時間需拉長。

02 依照 p.38 準備奶油霜，奶油霜操作溫度約在 20℃左右，將奶油霜攪拌至滑順無氣泡狀態。從原色奶油霜中調製出深綠色、淺綠色、紫色、橘色。

- 調深綠色用的色膏色號：Kelly Green + Brown + Black
- 調淺綠色用的色膏色號：Leaf Green + Kelly Green + Brown
- 調紫色用的色膏色號：Violet + Pink + Brown
- 調橘色用的色膏色號：Orange + Golden Yellow + Brown

作法

01 先由最淺的顏色開始做上色，使用抹刀前端挖取適量原色奶油霜，較大面積不規則的塗抹在蛋糕上，記得蛋糕頂部也要塗抹。

Point 此抹面由奶油霜疊加而成，因此每一層不宜過厚，每次塗抹厚度大約在 1-2mm 左右即可。

02 使用硬刮板輕輕貼合在蛋糕表面，保持約 30-45 度角，同時旋轉轉台刮除及抹平，大約旋轉蛋糕 1-2 圈即拿起刮板。

Point 因為蛋糕體溫度偏低，此處使用的奶油霜操作溫度也稍低，使用刮板操作時奶油霜應該稍微偏硬，無需特別出力做過多刮除，輕輕將過度突起的奶油霜去除，並保留塗抹紋理。

03 接下來使用淺綠色奶油霜重複步驟 1，盡量錯開與前一色奶油霜的尺寸、距離，保持不規則。

04 使用硬刮板重複步驟 2 的刮除及抹平動作。

05 使用深綠色奶油霜上色，重複步驟 1。

06 使用硬刮板，重複步驟 2 的刮除及抹平動作。

07 再接著使用紫色奶油霜上色，重複步驟 1-2，疊加到看不到裸蛋糕為止。

08 最後使用橘色奶油霜做局部點綴，此時不應讓橘色比例過多。

Point 蛋糕頂部不需特別做收尾，保留一些自然的筆觸感增添繪畫手感，只要每一次上色都確保頂部勻稱水平即可。

09 旋轉蛋糕確定每一面都如同一幅抽象畫一樣，若顏色分布過於均勻、肌理不足等，再做適量疊加。

Point 在整個操作的過程中若奶油霜開始會互相混合，須盡快將蛋糕回到冷藏 10 分鐘，再繼續操作。

進階裝飾

抽象畫圈圈層次設計款蛋糕

配色法：三等分

蛋糕色彩學與設計構思

三等分配色法是由色相環上等邊三角形的三種色彩來做搭配，這種配色方式對於較不熟悉色彩學的人來說是有難度的，因為它不容易取得平衡，容易互相干擾搶戲。

因此配色時的比例分配格外重要，通常會使用其中一色當作主色調，另外兩色輔助，才不會使每個顏色都過分張揚。在此篇的示範中，我讓綠色成為主色調，紫色輔助，橘色當作亮點，白色作為從中調和各種色彩的媒介。

在調製奶油霜顏色時，為了不讓彩度過於突出，我在每個顏色中都加入微量的另外兩色做調和，調色時加入微量的對比色或互補色可以削弱本身的彩度，產生柔和的濁色感（加過多則會變成髒髒的濁色）。

整體造型部分，抽象畫抹面因層層疊疊的特性，我通常偏好使用簡約一點的設計突顯抹面設計本身，又或者搭配重複性的設計來做呼應。使用不同素材製作的圓片，不僅可以從型態上、色彩上、甚至抹面用的糖珠也能融入裝飾元素中一起呈現，使整體的協調性更高。

有時候一顆蛋糕看起來不太和諧的原因，是因為抹面歸抹面、裝飾歸裝飾，互相不搭配不協調，這也是許多人容易失誤的地方。

一個完整的設計不應該是拼湊出來的，每一個細節都應該互相呼應搭配，色彩、結構、造型、甚至故事性都應該環環相扣。

有些人喜歡在最開始蛋糕設計發想時，就把它完完整整的構思好，而我則是走比較即興創作的路線，我在製作前通常只會抓好大概的配色走向、整體造型跟裝飾元素種類，在製作當下依靠自己的美感經驗再來處理細節部分，包含結構造型、位置比例等，確切的配色通常也是一面調色一面決定，但是這樣的流程是奠定於紮實的事前功課與經驗累積，即興並非代表隨性，該研究的部分還是需要事先安排好。

當你能夠掌握色彩，對於每一種裝飾材料的運用與可能性也都有充分的了解，那剩下的不如就交給當下的感覺吧。

準備

愛素糖

水性色膏 色號：Misty Mauve、Regal Purple、Kelly Green

白巧克力

糖珠

工具

圓形切模 直徑 3cm、4cm、5cm、6cm 各一個

矽膠墊

牙籤

抹刀

作法

圓形裝飾糖片

01 將愛素糖以中火加熱至 165-166℃，離火後稍待降溫，等泡泡消失後倒入圓形切模中。

02 趁尚未凝固時使用牙籤沾取適量色膏渲染上色。

03 待完全冷卻後再脫模。

圓形裝飾巧克力片

04 將融化的巧克力（免調溫或調溫好的均可）倒在矽膠墊上，使用抹刀推平。

05 稍待凝固後使用圓形切模壓出不同尺寸的圓片。

蛋糕裝飾組合

06 先將細碎糖珠撒在抹面上增添細節豐富度。

07 從較大片的圓片開始由後往前佈局。

08 擺放時注意高低落差的層次性。

Point 因為同時使用兩種不同素材的圓片，一種為透明，一種為不透明，所以在裝飾時亦需考量透與不透之間的尺寸與層次，勿讓過大的巧克力片擋在糖片前方，否則將失去層次感。

09 除了插在蛋糕上之外，可以多留意整體的活潑性，使用較小的圓片增添懸浮在半空中的感覺，可以使整體感覺更加輕盈。最後增添右下方延伸的圓片裝飾。

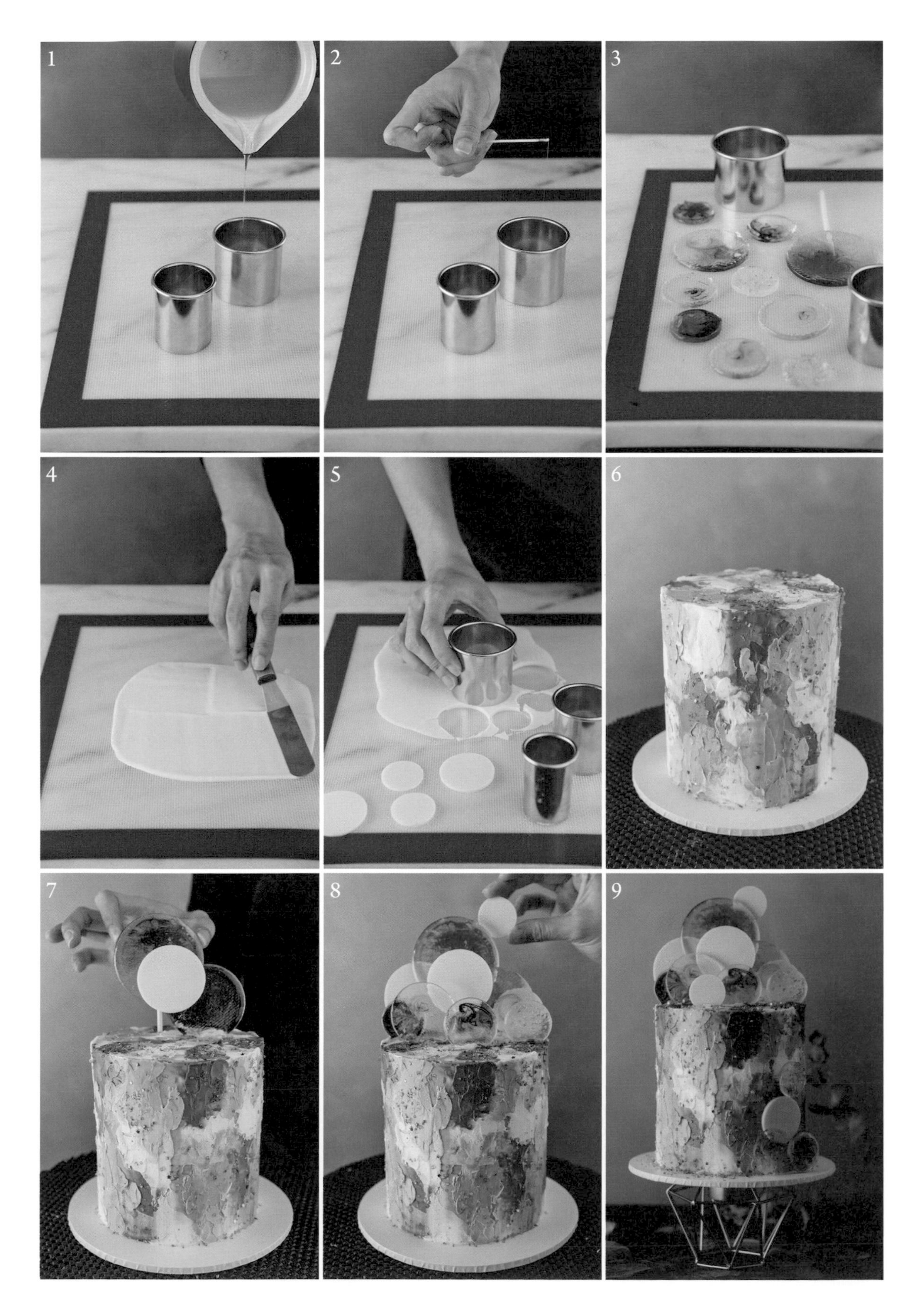
1
2
3
4
5
6
7
8
9

〈 初階系列 〉

批土肌理質感抹面

接下來介紹的兩種抹面效果——「批土肌理質感抹面」與「粗糙牆面質感抹面」，同為模仿裝潢常用的藝術牆面效果的擬真型抹面設計。

可能會出乎你的意料，它們非常簡單。雖然簡單但是前提還是一樣：「你必須能完全了解、熟悉並掌握奶油霜的特性。」

若沒有先搞懂奶油霜，就沒辦法創造出新的可能性。雖然每個抹面的步驟上好像都只有些微差距，但是失之毫釐，差之千里，這些步驟上的不同便是運用奶油霜特性後變化出來的各種效果。

在專注於研究抹面設計的這幾年中，我最喜歡觀察周邊一些物件的肌理型態，進而想辦法使用奶油霜的特性來達到擬真仿製的效果，不管是藝術牆面肌理、山脈紋理、拓印效果、大理石紋理、水彩繪畫感等都是靈感來源。

而這些抹面設計效果都是使蛋糕與眾不同的原因之一，找出一個你覺得有趣、最好還是有點小冷門的東西，然後深深挖掘它，可能就會得到意想不到的收穫。

- 奶油霜調色 -

玫瑰土色

事前準備

01 依照 p.52 完成裸蛋糕，並冷藏定型 30 分鐘以上。

02 依照 p.38 準備奶油霜，確認奶油霜溫度約在 22-24℃左右，並已將奶油霜攪拌至滑順無氣泡狀態。從原色奶油霜中調製出玫瑰土色。

- 調玫瑰土色用的色膏色號：Red + Rose + Burgundy + Brown + Black + Orange

作法

01 於蛋糕頂部放上適量奶油霜，蛋糕頂面與抹刀保持約 30 度角，來回塗抹並同時旋轉轉台，輕輕將奶油霜塗抹至無縫隙。

Point 頂部奶油霜塗抹完成後必須適量超出圓形之外，這樣在最後的步驟才會有多餘的奶油霜高於蛋糕頂部。

02 使用抹刀前端挖取適量奶油霜，由側面的最上緣開始厚塗，此時奶油霜塗抹的厚度應至少在 10mm 左右。

Point 側邊塗抹奶油霜時，抹刀必須盡量保持垂直。

03 由上至下，一圈一圈的完成厚塗。

Point 在進行厚塗時切勿東塗一塊西塗一塊，並盡量保持塗抹之間無空隙，厚度均勻一致。

04 接著使用硬刮板將多餘的塗抹痕跡刮除。刮板底部須貼平蛋糕底板，輕貼在蛋糕上，保持約 30-45 度角，同時旋轉轉台。

05 先將蛋糕冷藏約 20 分鐘，待抹面稍微冷卻，還未完全定型時取出。使用抹刀前端挖取薄薄一層奶油霜，保持抹刀垂直，輕輕塗抹在蛋糕上。

POINT

- 旋轉轉台的速度須保持一致穩定，刮板角度過小或過大可能造成不同效果。
- 若一開始厚塗掌握得好，在步驟 **4** 時即可完成一個幾乎平滑的抹面，可能稍微有部分小氣泡等瑕疵，這是無礙的。若無法一次到位處理好抹面打底，還留有許多大的空隙，則需再重新填補並重複步驟 **4** 直到抹面幾乎平滑。

06 持續進行左右來回塗抹的動作，每次只使用薄薄的一層奶油霜來操作。

Point 此步驟是運用奶油霜在半冷卻後，會與常溫奶油霜產生略帶黏性的特性，製造出類似批土斑駁效果的特殊技法。

07 完成塗抹後，輕輕用乾淨的抹刀在抹面表面點壓，留下更多肌理變化。為了凸顯批土粗糙效果，蛋糕頂部刻意不收邊，留下矮牆般的不規則效果。

〈 初階系列 〉

粗糙牆面質感抹面

此款由批土肌理質感抹面延伸的變化款，也可以說是簡易款。使用前面所提到的一些技巧，更快速的創造出類似藝術牆面的抹面效果，可以說是最簡單能夠創造出肌理抹面的方式。很適合需要短時間內完成一個帶有特色的抹面設計時使用。除了單色效果，使用不同深淺的顏色，或雙色以上的奶油霜來製作，亦可以達到更佳的效果。

－ 奶油霜調色 －

乾燥玫瑰色

事前準備

01 依照 p.52 完成裸蛋糕，並冷藏定型 30 分鐘以上。

02 依照 p.38 準備奶油霜，確認奶油霜溫度約在 22-24℃左右，並已將奶油霜攪拌至滑順無氣泡狀態。從原色奶油霜中調製出乾燥玫瑰色。

- 調乾燥玫瑰色用的色膏色號：Pink + Burgundy + Brown + Black

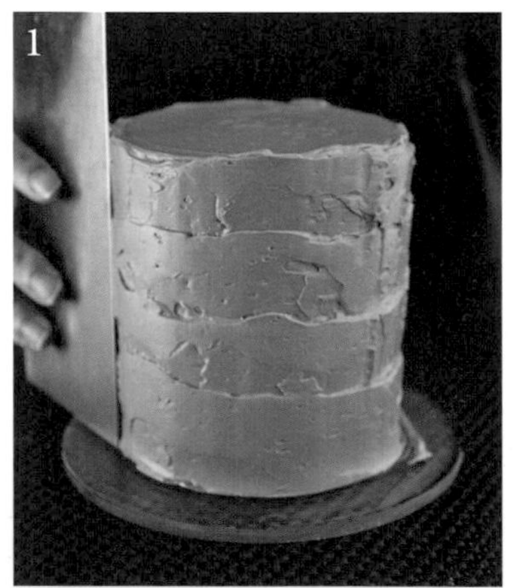

作法

01 依照 p.136（批土肌理質感抹面）步驟 1-4 做初步抹面。

Point 此時抹面應該幾乎平滑，可能稍微有部分小氣泡等瑕疵是無礙的。若無法一次到位處理好抹面打底，還留有許多大的空隙，則需再重新填補，並重複用硬刮板將多餘的塗抹痕跡刮除，直到抹面幾乎平滑。

02 接著用乾淨的抹刀輕輕地在抹面表面做點壓，留下更多肌理變化。完成後，蛋糕頂端的奶油霜不收尾，保留牆面自然的粗糙效果。

Point 可以朝同一方向點壓，亦可以不規則做點壓，最後會形成略有不同的肌理變化。

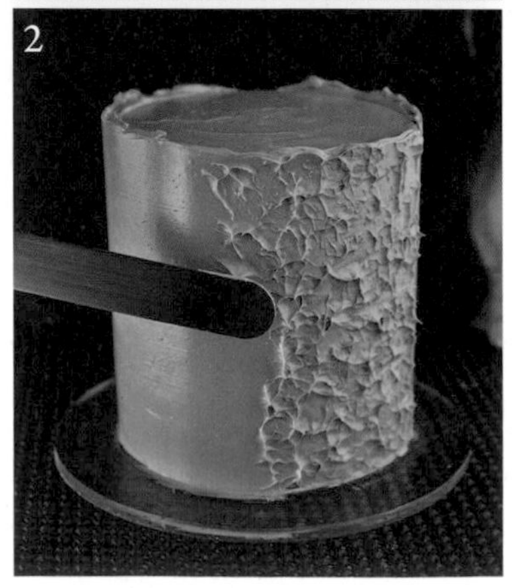

INFO

即使是單色奶油霜，利用些許的手法轉換，便能夠得到兩款截然不同的牆面效果。得以在相同條件下創造出更多可能性，也是奶油霜抹面蛋糕的樂趣所在。

進階裝飾

批土質感半月型花藝款蛋糕

配色法：類似色

蛋糕色彩學與設計構思

在製作花藝蛋糕時，通常有兩種可能性，一種是先決定蛋糕設計與配色再購買鮮花，另一種則是先挑選鮮花後再依花色來做蛋糕配色。

此篇示範的蛋糕是運用後者。當時我剛好在花店偶遇了這款顏色極美的康乃馨，所以便為它設計了這款抹面，抹面則為它調製了在色彩學篇章中所提及的那種「說不清講不明卻極美的顏色」。要調製出這樣的顏色，一般至少得運用超過 3 種以上顏色的色膏，調製帶點土色感的顏色時通常會添加 Brown 與 Burgundy，再加上一些些互補色降低彩度。

鮮花的色彩千千萬萬種，有時候可能出其不意找到色調極美的花，但也有怎麼樣都找不到對應花卉的時候。不同季節、甚至同一週當中不同天，花市與花店所販售的花都可能不盡相同。

因此在做花藝蛋糕時，必須保有一定的變通性。然而，有時候客戶的需求總是跟花店當時有的花不相同，這也是我在幫客戶製作花藝蛋糕時常見的小困擾，久而久之後，我在做客製化討論時，便產生出一套花藝蛋糕的討論流程模式，讓我跟客戶都能在符合主題的前提之下獲得最好的設計結果。

這部分需要時間去消化與磨合，客製化討論的方式因人而異，不僅是站在不同設計者的角度與思維邏輯，不同的客戶、個性、想法都會造成討論時的不同走向與技巧。關於這部分又是另一門藝術了。

回到蛋糕設計的部分，新月形的裝飾是一個很常見而且討喜的設計。尤其適合帶有花卉的裝飾設計，不只鮮花適用，食用花也非常適合，而且各種不同的裝飾元素幾乎都可以做到，如果一時之間拿不定主意，不知道該如何設計蛋糕時，這會是一個不容易出錯的選擇。

接下來細說一下後面的蛋糕裝飾組合中所提到「馬卡龍帶有方向性」這件事。

其實不只馬卡龍，很多裝飾元素都帶有一定的方向特性，點跟點所形成的線狀物就一定會帶有方向性，如果馬卡龍是躺著擺放，它只是一個圓面，便無方向性，若是立著擺，不同角度就會產生線性的視覺引導。除此之外，馬林糖的彎勾、切開的草莓等都具有一定的方向性。

對於具有方向特性的裝飾物件，擺放時需注意其引導出來的視覺感受。大原則就是不要讓方向性角度重複，尤其是相鄰的要盡可能錯開（除非有其他特殊意義）。

任何一個物件的擺放都要經過細微觀察，絕非拿起來看到空位就擺下去。久而久之你對於常見的蛋糕裝飾物就會有一定的認識，也會養成一套自己的設計模式，這也是塑造個人作品風格的一個關鍵。

每一件稱得上是設計的作品都應該是謹慎的，任何裝飾的存在都不是偶然，而是被設計過的。這樣的設計才經得起美感與視覺的考驗。

準備

鮮花（康乃馨）

馬卡龍（依照 p.64 製作）

馬林糖（依照 p.66 製作）

草莓

糖珠

工具

自黏保鮮膜

花剪

作法

鮮花裝飾：單朵隔離法

01 依照 p.73（鮮花介紹）清洗並擦乾鮮花，完全剪去花梗。

02 自黏保鮮膜剪出適當大小後，稍微拉開使之產生黏性。

03 完整包覆整個花托，以及可能接觸到蛋糕的花瓣處。

04 完成的**單朵隔離鮮花**。

1

2
3-1
3-2
4

蛋糕裝飾組合

05 先將主要的三朵康乃馨裝飾固定位置，盡量使它們形成一個半圓基礎。

06 接下來將馬卡龍擺放上去。

Point 馬卡龍立著擺時，會產生角度方向性，因此蛋糕上的馬卡龍裝飾若立著擺時，需特別注意其方向角度，每一顆及整體的走向都需做適當的調整。

07 最後以馬林糖及草莓填補空隙，並加上金色糖珠點綴。

5

6

7

INFO

除了食用花外，鮮花設計的顏色和型態更具多樣性，運用在單色的抹面蛋糕上，也能創造出鮮明的設計質感。唯一需要留意的是，在無法食用的前提下，使用鮮花前必須經過清洗、擦乾，再做好和蛋糕間的完全隔離措施。

〈 初階系列 〉

半立體條紋抹面

此篇介紹的抹面技巧可以運用之前提到的任一平滑型抹面（純色平滑系抹面、漸層系抹面、渲染系抹面）當作基底，進而得到不同的視覺效果。

這裡示範的是使用漸層系抹面當底來做出變化，步驟上有些微不同，但大致來說是平滑系列抹面的延伸變化款。

－ 奶油霜調色 －

橙黃色

鵝黃色

淺鵝黃

米黃色

原色

事前準備

01 依照 p.52 完成裸蛋糕，並冷藏定型 30 分鐘以上。

02 依照 p.86 將奶油霜調製出 5-6 個色階變化。

- 調色用的色膏色號：Golden Yellow + Lemon Yellow + Brown

作法

01 依照 p.86（漸層系抹面）之步驟 1-4 完成抹面。接著用抹刀將頂部稍微抹平，蛋糕面與抹刀保持約 30 度角，從外往內收。

02 使用硬刮板輕輕貼合在蛋糕表面，保持約 30-45 度角，同時旋轉轉台做刮除及抹平的動作，直到蛋糕表面幾乎平整。

Point 此時若有些微小空隙無妨，空隙過大才需做填補。

03 完成後，使用乾淨的抹刀前端輕貼抹面最底部，準備劃出條紋。

04 穩定的旋轉轉台，可以一氣呵成的將抹刀緩緩往上升，也可以一圈一圈的劃出平行的條紋。

Point 旋轉轉台時切勿停頓，以免造成頓點。

05 蛋糕頂部一樣使用抹刀前端輕貼，由外而內做出條紋感。

進階裝飾

條紋系捧花型花藝款蛋糕

配色法：類似色

蛋糕色彩學與設計構思

類似色配色法是花藝蛋糕中最常見的，因為常見花卉的顏色，其實還是以暖色系居多，所以配色上也相對容易偏向類似色。

捧花型的花藝蛋糕也是最常見的應用，一方面因為花量足，所以很容易就看起來非常豐富吸睛，另一方面是在花藝設計佈局中它的技術性是相對低的。只要掌握住整體造型維持在半圓效果，沒有過於奇怪的顏色搭配，效果都不會太差。

同時，只有捧花型的花藝設計才能使用本篇所示範的「**紙板隔離法**」來製作。因為其他型態的花藝造型無法完全遮蓋住下方的奶油霜跟紙托。這也是唯一一種花卉隔離方式是不需要刻意處理鮮花的，只需要稍微把花做基本清洗後，便可隨心所欲插花，食用前直接從紙托凸出的小耳朵把整個花藝拿起即可。

幾年前我剛開始創作花藝蛋糕時，雖説歐美國家已經盛行許久，但台灣當時的市場對於這樣的蛋糕裝飾還非常少見，所以曾經受過不少人的抨擊，認為這樣把鮮花放在蛋糕上是很不衛生的。

當時我創辦的「味蕾尖兒工作室」才剛成立不久，算是剛開始獨立創業之初，差點因為輿論效應而放棄花藝蛋糕。我很慶幸自己當初挺過了難關，現在花藝蛋糕在台灣越來越普及，接受度也越來越高。不過，**確實做好花藝隔離非常重要**。

實際上花藝隔離並沒有絕對的公式，每一種隔離方式都可能是一種創意的展現跟經驗的累積，隔離方式可能有非常多可能，但有時候不一定好用、實際。有些很常出現的隔離方式，雖在製作時很簡單，但食用者真正要吃蛋糕時卻很頭痛。

直到現在我還是時常在改良花藝隔離的技巧，始終只有一個原則要遵守，就是讓鮮花跟蛋糕不會接觸到這麼簡單而已。

準備

鮮花（白桔梗、黃色小蒼蘭、跳舞蘭）

葉材（小葉海桐、麒麟草）

奶油霜

工具

蛋糕圓形紙托

擠花袋

抹刀

作法

鮮花裝飾：紙板隔離法

01 使用適當尺寸的圓形紙托放於蛋糕頂部。紙托的小耳朵從蛋糕後方突出。

02 用與蛋糕頂部顏色一樣的奶油霜覆蓋住紙托。

03 稍微抹成一個半圓小山丘狀。

04 依照 p.73（鮮花介紹）清洗並擦乾鮮花。先將作為主花的白色桔梗插放定位。

05 再使用葉材填補較大空隙。

06 挑選適當弧度與線條感的小蒼蘭，做出色彩與造型亮點。

07 最後搭配較為細碎柔軟的跳舞蘭點綴搭配。

1
2-1
2-2
3-1
3-2
4
5
6
7

〈 初階系列 〉

油彩系抹面

油彩系抹面其實與抽象畫抹面的技巧很接近，有異曲同工之妙，完成的抹面效果都像是一幅油畫創作般美麗。不同之處在於油彩系抹面更強調塗抹痕跡與筆觸，因此立體感也會更加明顯。因為全程只使用抹刀，所以對於抹刀的運用需要更加熟練精準。

除此之外，它算是創作性質自由度最高的抹面設計，幾乎是憑藉個人的美感經驗（與繪畫經驗）來操作。色彩搭配從單一色到多色都可以，若對色彩掌握度高的話，同一蛋糕上甚至運用到 5-6 種顏色搭配都一樣可以很美麗，若是有繪畫基礎者，甚至可以直接用奶油霜來作畫也沒問題。

說到底，美不美本就是很主觀的事，更何況是繪畫作品，對嗎？

－ 奶油霜調色 －

紅色

粉紅色

原色

事前準備

01 依照 p.52 完成裸蛋糕，並冷藏定型 60 分鐘以上。

Point 製作時盡可能保持蛋糕體表面溫度越低越好。

02 依照 p.38 準備奶油霜，確認奶油霜溫度約在 22-24℃左右，並已將奶油霜攪拌至滑順無氣泡狀態。從原色奶油霜中調製出紅色、粉紅色。

- 調紅色用的色膏色號：
  Red-Red + Brown + Black + Burgundy
- 調粉紅色用的色膏色號：
  Pink + Burgundy + Brown

作法

01 先由最淺的原色奶油霜開始做上色，可以自行依照對於抹刀的熟悉度來操作，一開始可以先由大面積不規則方式塗抹。

Point 此抹面由奶油霜疊加而成，因此每一層不宜過厚，每次塗抹厚度大約在 3mm 左右即可。

02 接下來依序使用粉紅色及紅色奶油霜，一樣做不規則塗抹疊加，保持每一次的塗抹不要過厚，並且大小位置皆不規則。

Point 每次上色使用一種顏色，完成一圈後再換下一個顏色，避免東跳西跳的方式隨意疊加色彩，因為色彩層次不同，視覺效果上會較為混亂。

03 所有顏色都完成塗抹一次後，再依照視覺上的需求，做細部顏色及筆觸調整的局部疊加。

04 使用乾淨的抹刀將上方多餘的奶油霜刮除。抹刀與蛋糕頂部保持水平，外側翹起約 30 度角，輕貼蛋糕頂面，一邊旋轉轉台直到平整。

進階裝飾

油彩系側花型
花藝款蛋糕

配色法：對比色

蛋糕色彩學與設計構思

從開始創作花藝蛋糕至今，我將花藝蛋糕的型態設計大致區分出幾種，其中在此篇示範的「**側花型花藝**」是最多客戶喜歡的造型。它的變化性多，又帶有個性與強烈設計感，若剛好有線狀花材的話，更能充分展現流動性與線條感。

花藝蛋糕很容易出現對比或互補色的狀況，跟整體設計或抹面沒有直接關係，而是因為花卉多數還是以粉、紅、橘、紫這些色系為主，而它們都剛好在色相環上與葉材的綠色形成 120°-180° 的角度。因此花藝蛋糕中只要有使用葉材裝飾，就無可避免會遇上對比或互補色的運用。還好鮮花跟綠葉總是相輔相成，只要掌握比例原則，基本上搭配起來都沒有太大問題。

要做出好的花藝蛋糕，基本的花藝型態設計與插花知識是必須的，否則只是蛋糕上堆滿了花，但堆不出一顆具有美感的花藝蛋糕。有興趣的人可以多去翻翻花藝設計的書籍，或是多接觸花藝相關課程做進一步進修。除了花藝設計（簡單來說就是插花藝術）之外，花藝蛋糕本身的搭配（花藝跟抹面設計之間的關係）也是有一定的章法。

花怎麼佈局、花藝的型態、怎麼與抹面做適當的搭配、誰是主角誰是配角（除了花可以當主角，抹面亦可以被當作主角）、怎麼不搶走抹面本身的風采、場合主題是什麼、是為了誰而設計等等，有太多學問和細節藏在一個看似簡單的花藝蛋糕裡。

若想要兼顧更深的花藝（插花）藝術，其中的講究更是博大精深。對我而言，這些才是花藝蛋糕的精神和價值，絕不是單純的「把花擺在蛋糕上」而已。因此許多人認為最容易入門的花藝蛋糕，在我看來其實是最難深化的一種蛋糕設計。

準備

鮮花（紅玫瑰、紅康乃馨、迷你玫瑰）
玫瑰葉材

工具

自黏保鮮膜
花剪

作法

鮮花裝飾：單枝隔離法

01 依照p.73（鮮花介紹）清洗並擦乾鮮花。保留所需長度的花梗，使用自黏保鮮膜，剪出適當大小後稍微拉開使之產生黏性做包覆。

02 亦可以剪去花梗，換上牙籤，將牙籤插入花萼中，再使用自黏保鮮膜包覆。

03 葉材也是採同樣的操作方式。

04 完成的單枝隔離鮮花。

05 先將主花紅玫瑰做適當佈局與固定位置。

06 花朵插入蛋糕時，不要插到最底，從下方看，花跟蛋糕中間保有間隙。

Point 插花時需特別注意，切勿將花朵插到最底，否則需在隔離時額外包覆花萼及花瓣處，請參考p.142（單朵隔離法）之作法。如此，可確保花與蛋糕不接觸，而從一般人平視蛋糕的角度又看不出來，是單枝插花最大的特點。

07 先決定三朵主花的位置，形成一個倒數字7的型態。

08 再加入配花與葉材裝飾即完成。

POINT

很多人會使用錫箔紙來做花卉隔離，不過錫箔紙本身不帶黏性，雖然用它來包覆花梗非常方便容易，但它無法與花梗黏合。所以在拔出花的時候，通常只有花本身從蛋糕上移除，錫箔紙會殘留在蛋糕中，加上錫箔紙容易被塑形、容易撕扯又帶有硬度的特性，陷入蛋糕中的錫箔紙會非常難拔出，一拔就斷，也看不出來是否完全取出，很容易吃到錫箔紙碎屑，非常危險。
若在裝飾蛋糕時想要重新更改插花位置，也會造成錫箔紙殘留。
若是使用自黏保鮮膜，一般來說它會與花梗黏在一起，移除花朵時也會跟著被移除，就算沒有黏緊殘留在蛋糕中，也非常容易一抽就全部起來。對於蛋糕製作者與食用者來說都是更佳的選擇。

1-1
1-2
2
3
4
5
6
7
8

chapter

5

抹面設計與蛋糕裝飾

—— 進階系列

〈 進階系列 〉

水彩系抹面

我從小學畫，一直到大學進入設計系，接觸過各種繪畫素材，包括素描、水彩、色鉛筆、蠟筆、粉彩、油畫、壓克力、麥克筆、針筆、水墨、廣告顏料等等，雖然後來發現我實在不是善於作畫的人，不過因為認識了這些工具及材料的特性，在開始研究抹面後給予我莫大的幫助和啟發。

這也讓我了解到，凡走過的路、經歷過的事、看過的東西，都有可能在不知不覺間成為你往後的助力。

水彩系抹面顧名思義就是將水彩的特性反映在抹面上，透明度、可疊色是水彩最大的特性之一，不像油畫、壓克力等顏料感較厚重，所以水彩系抹面最特別的地方在於不同顏色之間重疊處的半透明，就像真實水彩一樣的透明層次，要做到這點需對於抹刀掌握度夠熟練，奶油霜需上得極薄，盡量讓淺色能覆蓋在深色之上，這樣透明度會更明顯。

至於其他部分像是水痕滲透感、暈染效果等這些無法同時使用奶油霜呈現，所以不需糾結把所有特點都表現出來，在模擬擬真效果時，最重要的便是掌握其最大的特點，只要抓對了特性至少就會有七八成的相似度。

水彩系抹面的技法可以讓你精準的掌握自己想要的色彩分配，就像畫水彩一樣，哪裡多哪裡少、哪裡深哪裡淺、哪裡透明哪裡疊色，都可以透過抹刀上色技巧來控制。

初階系列中有點類似呈現效果的渲染系抹面，就只能決定顏色分布的大概多寡，卻無法完全掌控它們出現的分布位置與效果。

另外，畫水彩時應該以較大面積不規則色塊呈現，不像油彩系強調筆觸感，也不像抽象畫強調不同色塊的分明，技巧的運用只要略有偏差可能就會變得四不像。

– 奶油霜調色 –

深紫色

淺紫色

紫紅色

原色

事前準備

01 依照 p.58 完成蛋糕的抹面基礎，並冷藏定型 60 分鐘以上。

Point 製作此抹面時需保持蛋糕體表面溫度在 12℃以下，因此蛋糕體冷藏時間需拉長。

02 依照 p.38 準備奶油霜，奶油霜操作溫度約在 22-24℃左右，將奶油霜攪拌至滑順無氣泡狀態。從原色奶油霜中調製出深紫色、淺紫色、紫紅色。

- 調深紫色用的色膏色號：Violet + Black + Burgundy + Royal Blue
- 調淺紫色用的色膏色號：Misty Mauve + Pink + Violet
- 調紫紅色用的色膏色號：Burgundy + Red + Rose + Brown

作法

01 從淺紫色開始，使用抹刀前端挖取少量奶油霜，以不規則大面積的色塊狀薄薄塗在蛋糕上。

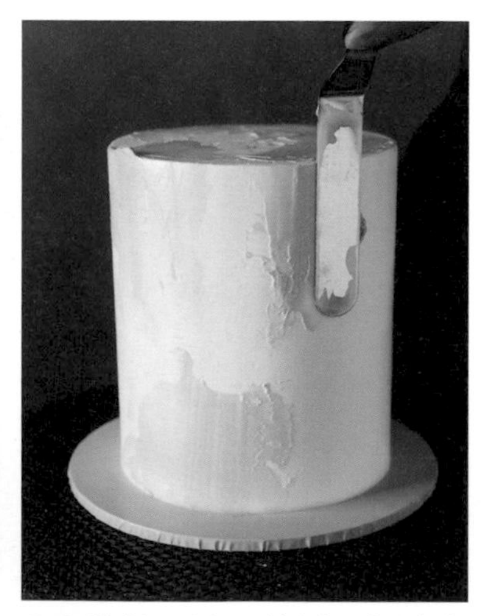

02 將抹刀清理乾淨，輕貼在剛剛薄塗的色塊上，由中間往左右兩側輕輕推開，使顏色更薄透，直到呈現半透明可看到下層底色的狀態。

03 使用硬刮板輕輕貼合在蛋糕表面，保持約 30-45 度角，同時旋轉轉台，做刮除及抹平的動作，直到表面幾乎平整。

04 接下來使用深紫色，重複步驟 1-3，盡可能將不同色塊錯開，大小面積也要不規則，切勿將底色完全填滿。

Point 透明度是此抹面最重要的事情，所以每一層顏色越薄越好，這樣接下來的疊色會更明顯。

05 使用紫紅色，重複步驟 1-3，此時應該有三層以上的透明度疊色感。

Point 注意每個顏色的比重，深色不能過於壓過淺色。

06 最後再使用原色奶油霜做重點疊加，增添水彩的透明感。

Point 白色是最淺的顏色，在極薄的操作下透明度最為明顯，所以在最後色感過於厚重的部分做疊加可以呈現透明感。

07 使用乾淨的抹刀將上方多餘的奶油霜刮除。抹刀與蛋糕頂部保持水平，外側翹起約 30 度角，輕貼蛋糕頂面，同時旋轉轉台直到平整。

08 旋轉蛋糕確定每一面都如同一幅水彩畫一樣，若有顏色分布過於均勻、肌理不足等情況再做適量疊加。

Point 在整個操作的過程中若奶油霜開始會互相混合，須盡快將蛋糕回到冷藏15-20分鐘。

進階裝飾

水彩系極簡糖皇冠設計款蛋糕

配色法：類似色

蛋糕色彩學與設計構思

我非常喜歡極簡卻設計感極強的蛋糕裝飾風格，尤其是想凸顯藝術型的蛋糕抹面時，這種簡單的設計更能讓人把目光停留在抹面設計上。

然而越是簡單的設計，實際上並非越簡單，反而越是講究其中的色彩、角度、比例、型態、肌理、線條及動感，因此糖皇冠的造型尤為重要。

我曾為了一顆蛋糕的糖皇冠裝飾，反覆製作了十幾次，最後才達到符合自己期望的比例與造型效果，在這些經驗累積後，看似毫不規律的糖皇冠其實是可以從糖液在矽膠墊上時的操作就開始做造型規劃跟佈局的，一直到架起的位置、角度、高低，預估滴流狀態都是可以稍微控制的。

這是我對於整體設計的堅持，一個看似簡單的裝飾，卻是最考驗美感概念的呈現。

千萬不要以為只要單純按照步驟，任由其自由發展製作出一個糖皇冠，就可以完成這一個蛋糕造型，哪怕是一個角度不夠完美，一個線條不夠俐落，那就是整個極簡造型的失敗。

現代主義建築大師密斯・凡德羅的著名金句「Less is More 少即是多」，在這裡可以理解為以最少的元素，表達出最強大的設計性。現今各大品牌、傢俱、電器、3C 產品、室內設計等處處可見這種強調簡約的設計，其中最大的特點不只是簡單俐落，更是在於每一個細節角度的完美，不能更多也無法再減少，在創作極簡風格作品時不妨從這個角度去思考。

在極簡的裝飾設計中，抹面及裝飾物同樣以單色或類似色呈現的話，必須注意色相的一致性，尤其是不同材料在做調色時可能會有不同的色偏，因此在調製奶油霜及愛素糖時必須特別注意不能使色相落差過於明顯，否則上下會顯得不同調。

準備

愛素糖

色膏 色號：Violet、Black

工具

矽膠墊

作法

不規則透明糖皇冠

01 將愛素糖以中火加熱至 165-166℃，離火後稍待降溫，加入適量色膏，等泡泡消失後倒在矽膠墊上。

02 拿起矽膠墊左右搖晃攤平，並使糖液呈現不規則狀。趁未凝固時將矽膠墊架在適當大小及高度的杯子或碗上方，調整好波紋角度，靜置至完全凝固。

Point 這種不規則糖皇冠每次製作出來的形狀與弧度都會是不同的效果，也是其特色之一。但實際上是可以透過經驗的累積，在製作過程中調整出比較接近想像中期望的開合度、弧度、角度、高矮、及滴流狀等等。

03 將冷卻凝固的糖皇冠從矽膠墊上剝離，觀察其角度及比例，選擇適合的正面固定在蛋糕上。

1

2

3

〈 進階系列 〉

水墨系抹面

前一篇的水彩系抹面其實是我改良過後的 2.0 版本，在最開始製作水彩系抹面時，操作方式是不太相同的，經過多次的改良後才變化成現在的操作過程。

此篇介紹的便是當初的水彩系抹面 1.0 版本，我發現同樣使用它來製作水墨系的感覺會比前一篇的手法更接近水墨或書法大筆大畫的感覺。相較於水彩，水墨的特點是只有灰階色系，強調墨色的筆觸會更為重要。

水墨系抹面借助了渲染系與水彩系抹面兩者的部分特點，用填色的概念使黑白兩色不會過度渲染，但同時保有灰階漸變的色階，同時透過溫度的掌控來達到帶點半透明的層次感。

刮板操作時應稍微用力往內施力，冷卻的白色奶油霜應該能支撐刮板的力度，同時將黑色多餘的奶油霜刮除但不至於變成渲染感。

– 奶油霜調色 –

深黑色

原色

事前準備

01 依照 p.52 完成裸蛋糕，並冷藏定型 60 分鐘以上。

02 依照 p.38 準備奶油霜，奶油霜操作溫度約在 20℃左右，將奶油霜攪拌至滑順無氣泡狀態。從原色奶油霜中調製出深黑色。

- 調深黑色用的色膏色號：Black + Navy Blue + Brown + Midnight Black

作法

01 使用原色奶油霜，抹刀前端挖取少量奶油霜，以不規則大面積的色塊狀厚塗在蛋糕上。

Point 此步驟的不規則非常重要，會直接影響最後呈現的色塊佈局，切勿塗抹在同一水平或垂直處，也不要留下明顯垂直或水平的空隙。

02 使用硬刮板輕輕貼合在蛋糕表面，保持約 30-45 度角，同時旋轉轉台做刮除及抹平的動作，直到白色色塊幾乎平整。

03 使用抹刀前端挖取少量原色奶油霜，不規則厚塗在蛋糕頂部。接著將蛋糕冷藏 20 分鐘，直到表面溫度低於 12℃，奶油霜呈現半冷卻狀態。

Point 奶油霜的冷卻狀態應該是用手觸碰時不會凹陷，但使用抹刀或刮板時不會硬到完全無法操作，不同冰箱的溫度及冷卻速度不盡相同，冷卻時間需自行調整。

04 接下來使用深黑色奶油霜，厚塗在之前留下的空隙處，填補時厚度一定要超過白色奶油霜。

Point 水墨畫的黑白之分是非常明顯的，因此黑色奶油霜必須調製得夠深才能突顯出來。

05 使用硬刮板輕貼在蛋糕表面，保持約30-45度角，同時旋轉轉台做刮除及抹平，直到表面幾乎平整。

Point 此時白色奶油霜溫度低、偏硬，剛填補上的黑色奶油霜溫度高、偏軟，因此操作時若力道適當應該不會破壞白色處，可以輕鬆使黑色奶油霜填平空隙，並製造出些微透明渲染效果。

06 使用乾淨的抹刀將上方多餘的奶油霜刮除。抹刀與蛋糕頂部保持水平，外側翹起約30度角，輕貼蛋糕頂面，同時旋轉轉台直到平整。

〈 進階系列 〉

沉積岩抹面

我製作過的許多蛋糕抹面或設計中都包含著一段記憶或故事。想到恐龍時代，我腦海中便會很奇妙的浮現出這顆蛋糕所用的配色，這跟每個人對於色彩的記憶有關，每個人對事物的記憶點也都不同。

沉積岩抹面是我去美國大峽谷一帶時，從路上的峽谷地形風貌中獲得的靈感。當時一路從 Zion, Bryce Canyon, Red Canyon, Capitol Reef, Great Canyon 所見到由沉積岩形成的獨特峽谷景觀，歷經億萬年的層層疊疊累積堆砌、風化侵蝕、曝曬沖刷而成的天然岩層，若是靠近細看便能發現，這壯觀的岩石層中包含了太多美麗色彩，紅土色、灰褐色、暗紫色、黃褐色、灰白色、暗綠色等等。

由那些路途中獲得的珍貴記憶，衍生出這顆恐龍時代的蛋糕設計，帶有一點點童趣感，跟記憶故事性的延伸，設計理念有時候就是一段真真假假的床邊故事。

– 奶油霜調色 –

咖啡色

橘色

深綠色

淺綠色

原色

事前準備

01 依照 p.52 完成裸蛋糕，並冷藏定型 30 分鐘以上。

02 依照 p.38 準備奶油霜，奶油霜操作溫度約在 22-24℃左右，將奶油霜攪拌至滑順無氣泡狀態。從原色奶油霜中調製出咖啡色、橘色、深綠色、淺綠色。

- 調咖啡色用的色膏色號：Brown + Black + Red
- 調橘色用的色膏色號：Orange + Brown + Golden Yellow
- 調深綠色用的色膏色號：Kelly Green + Brown + Black
- 調淺綠色用的色膏色號：Leaf Green + Brown + Black

作法

01 使用抹刀前端挖取適量的咖啡色奶油霜，由蛋糕最下方開始做厚塗，盡量使其高低不平整，並且呈現不規則狀。

02 使用硬刮板輕輕貼合在第一層顏色的表面，保持約 30-45 度角，同時旋轉轉台做刮除及抹平的動作，直到平滑。將蛋糕冷藏定型 15 分鐘左右，使第一層奶油霜冷卻硬化。

Point 此時上方無奶油霜輔助，因此需特別注意刮板角度與底板保持 90 度角，避免傾斜。

03 接下來使用橘色奶油霜，重複步驟 1，塗抹厚度需超過已經硬化的前一層顏色。

Point 每一層的起伏線條需盡量錯開，切勿保持並延續前一層的線條幅度做塗抹。可以故意留下一些線狀縫隙，用於後續不同顏色的填補。

04 使用硬刮板輕貼蛋糕表面，保持約 30-45 度角，同時旋轉轉台做刮除及抹平，直到平整。將蛋糕冷藏定型 15 分鐘左右，使第二層奶油霜冷卻硬化。

Point 當硬刮板貼合到第一層硬化奶油霜時，不可再向內施力，以免破壞前一層。

05 接下來使用深綠色奶油霜，重複步驟 3-4。

06 接下來使用淺綠色奶油霜，重複步驟 3-4。

07 接下來使用原色奶油霜，先於蛋糕頂面塗抹一層。

08 再重複步驟 3-4，將奶油霜厚塗於蛋糕表面後，做刮除及抹平的動作直到幾乎平整。

09 最後可以使用不同順序的顏色填補先前留下的隙縫，增添層次效果。

進階裝飾

沉積岩恐龍時代 設計款蛋糕

配色法：類似色

蛋糕色彩學與設計構思

多數的化石都保存在沉積岩之中，和恐龍之間有著互相呼應的關係，因此當我想到恐龍主題的蛋糕，便決定要使用沉積岩抹面與之搭配。

想像著恐龍站立在經年累月形成的峽谷地形之上，那會是怎樣壯觀的場景呢？

為了使抹面更接近真實的岩層，所有的顏色在調色時都加入了些許黑色及咖啡色色膏，不僅降低色彩的彩度，同時增添復古調的濁色感。然而若整個蛋糕設計都走這樣的色調，會顯得過於黯淡，缺少亮點，因此使用了一隻金色的恐龍作為主角，並為蛋糕潑灑上金色呼應。

為了保有童趣感，恐龍背後的山景我選擇了幾何狀的三角形來呈現，而非抽象感的不規則帆片，幾何圖形包括三角形、圓形、方形等，在不同的搭配下可能表達極具設計性的現代感，又或者是可愛的童趣感，在擬真卻代表玩具的恐龍模型旁，三角形的可愛山景造成的反差效果會使蛋糕的故事性增添趣味。

蛋糕頂部刻意留下不規則的效果，用以呼應沉積岩粗獷的性格，也是抹面設計中用心搭配的小細節。

相較於有點類似的分層型漸層系抹面，沉積岩抹面本身是沒有層次的，它是一個完全平滑平整的表面，是顏色本身使抹面產生層次感，就如同岩石被切開的斷面一般，雖然看似是些許類似的呈現，但是運用不同的技法及奶油霜的操作方式，便能在細微的差異中玩出不同的質感創意。

準備

恐龍模型

巧克力

液態金色食用色素

奶油霜（擠小草用）

色膏（奶油霜調色用）色號：Kelly Green、Brown、Black

餅乾碎屑

工具

Wilton #233 花嘴

擠花袋

抹刀

烤焙紙

小刀

筆刷

作法

巧克力片裝飾

01 將融化的巧克力（免調溫或調溫好的均可）倒在烤焙紙上，用抹刀推平。

02 稍待凝固後使用小刀切割出不同尺寸、角度的三角形。

03 使用筆刷將液態金色食用色素噴灑在巧克力片上。

蛋糕裝飾組合

04 先將主角恐龍模型固定在蛋糕上方，並使用筆刷將液態金色食用色素噴灑在蛋糕抹面上。

05 將巧克力片插在恐龍後方，注意角度呈現、層次感，後方的巧克力片應比前方的高。

06 在蛋糕下方增添巧克力片以呼應上方主題。

07 使用調成綠色的奶油霜、Wilton #233 花嘴擠出些許小草，並在小草旁撒上餅乾碎屑作為土壤碎石裝飾。

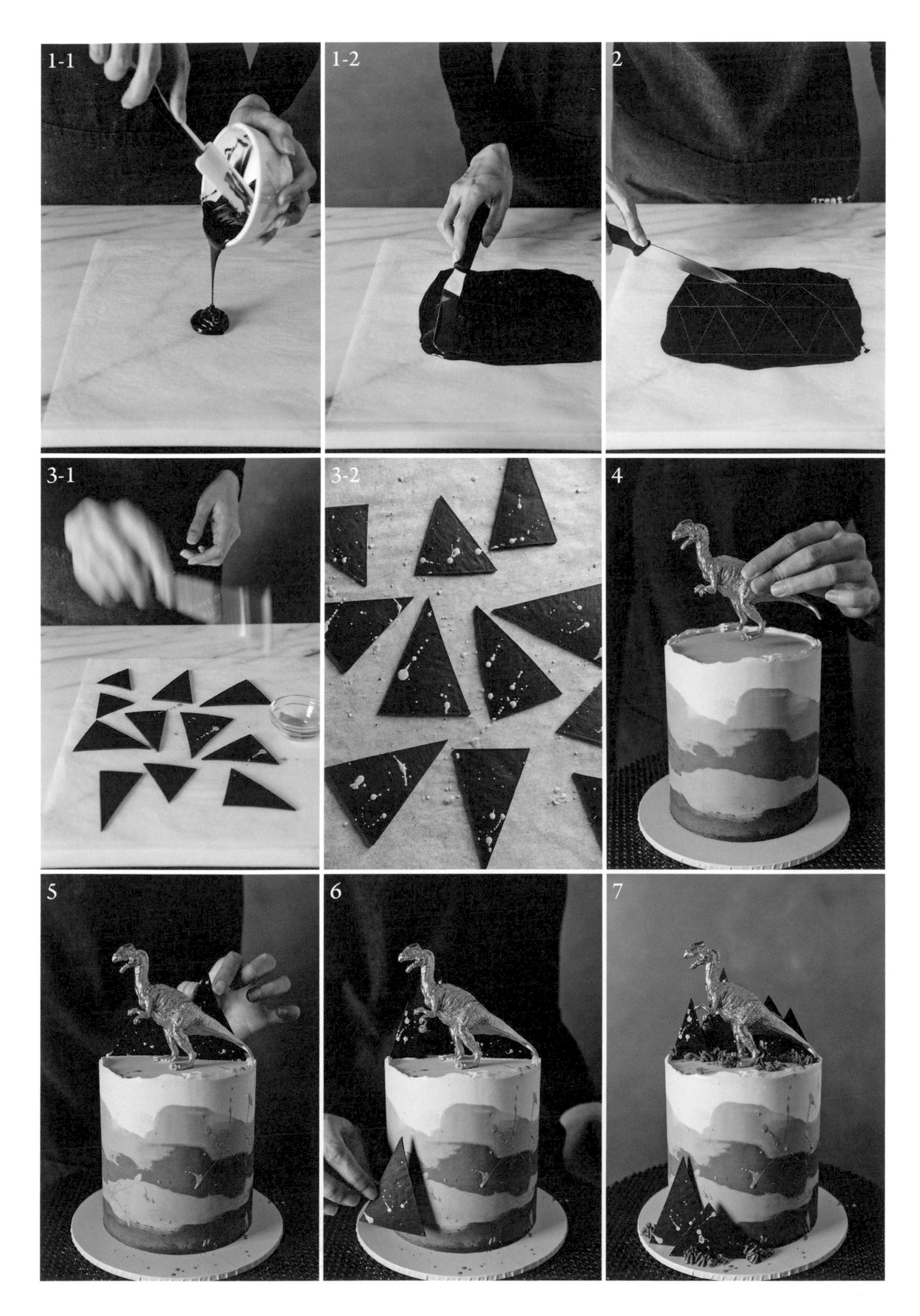
1-1
1-2
2
3-1
3-2
4
5
6
7

〈 進階系列 〉

雕刻系抹面

雕刻型的抹面源自於陶瓷、蠟燭雕刻的概念，原理很簡單，最重要的應該就是每一層的奶油霜配色，以及雕刻的型態。

不同層數、厚度的配色都能使雕刻後的感覺截然不同，雕刻的圖案也很多元，可以是抽象的線條，或是具象的造型。若內層抹面使用渲染法操作，亦可創造出效果不同的色彩呈現。

這樣的抹面本身已經非常具藝術性，且在色彩跟紋理上都有一定的複雜度，若要搭配裝飾以簡單為主，才不會過於紛雜。

– 奶油霜調色 –

深灰色　原色　灰綠色　淺橘色　淺粉色

事前準備

01 依照 p.52 完成裸蛋糕。

02 依照 p.38 準備奶油霜，奶油霜操作溫度約在 22-24℃左右，將奶油霜攪拌至滑順無氣泡狀態。從原色奶油霜中調製出深灰、灰綠、淺橘、淺粉色。

- 調深灰色用的色膏色號：Midnight Black
- 調灰綠色用的色膏色號：Leaf Green + Pink + Brown + Black
- 調淺橘色用的色膏色號：Orange + Lemon Yellow + Brown
- 調淺粉色用的色膏色號：Pink + Brown + Burgundy

03 準備特殊工具：陶藝雕刻刀。

作法

01 先使用原色奶油霜依照 p.58 完成抹面基礎，並冷藏定型 15-20 分鐘。

02 待第一層抹面半冷卻後，再重複上第二層灰綠色奶油霜。完成後冷藏定型 15-20 分鐘。

Point 第二層開始，奶油霜的操作溫度要在大約 23-24℃左右，這樣才能順利的在冷卻的奶油霜上面再抹出一層平滑系抹面。可以依照自己的想法使每一層顏色做不同厚度的變化，越薄則雕刻後只會呈現細線條狀，越厚則雕刻後呈現的色彩線條越粗。

03 第三層淺橘色奶油霜，重複步驟 2。

Point 此篇示範總共有 5 層顏色：白色、灰綠、淺橘、淺粉，最外層則是深灰。最外側的顏色選擇使用無彩色，或是與內層明度落差較大的色彩，這樣雕刻後較能凸顯出色彩的層次。

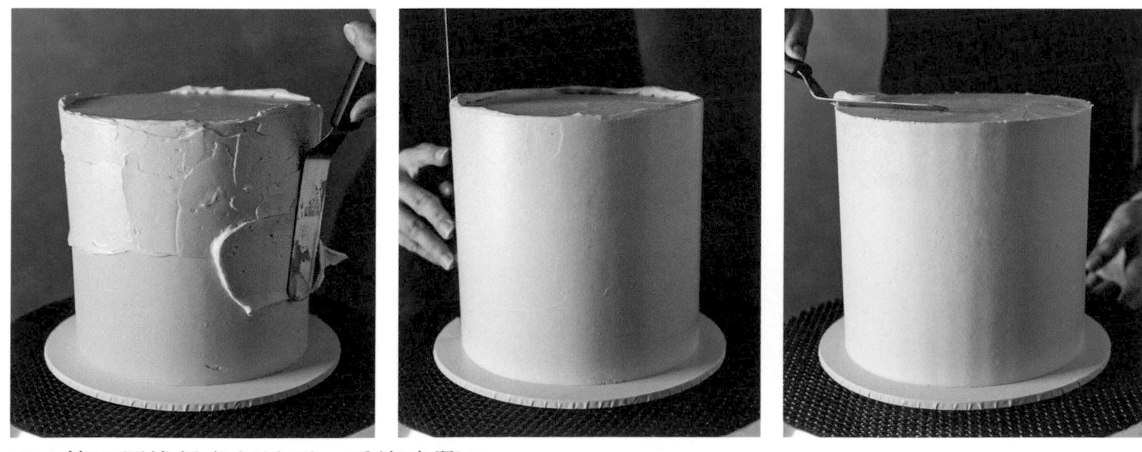

04 第四層淺粉色奶油霜，重複步驟 2。

05 第五層深灰色奶油霜，重複步驟 2，再用乾淨抹刀將上方多餘奶油霜刮除。

06 依照 p.80（超完美平滑系 90 度直角抹面）步驟 10-15 完成最後的收尾動作。

07 冷藏定型 15-20 分鐘後，待奶油霜呈現半冷卻狀態再進行雕刻。

Point 雕刻前奶油霜不宜過硬，否則會留下許多細屑，線條會不流暢，過軟則無法順利將雕刻的多餘奶油霜順利取下。

08 使用陶藝雕刻刀在蛋糕抹面上雕出花紋，依照雕刻的不同深淺、粗細，可展現不同層次的色彩。

Point 若奶油霜開始軟化，則需回到冷藏 15 分鐘左右再繼續進行。

〈 進階系列 〉

雙層型抹面

雙層型的抹面效果很適合用來訴說故事，就像一個小劇場似的內有舞台外有布幕。

而屬於舞台區的裏側可以運用任何一種抹面技巧來操作，外面半遮掩的布幕則適合用簡單一點的純色平滑抹面，如此搭配，一個完美吸睛的舞台便油然而生。

- 奶油霜調色 -

藍灰色　深藍色　淺藍色　原色　灰色

事前準備

01 依照 p.52 完成裸蛋糕，並冷藏定型 30 分鐘以上。

02 依照 p.38 準備奶油霜，奶油霜操作溫度約在 22-24℃左右，將奶油霜攪拌至滑順無氣泡狀態。從原色奶油霜中調製出藍灰色、深藍色、淺藍色、灰色。

- 調藍灰色用的色膏色號：Navy Blue + Royal Blue + Black
- 調深藍色用的色膏色號：Royal Blue + Black + Violet
- 調淺藍色用的色膏色號：Sky Blue + Black + Burgundy
- 調灰色用的色膏色號：Midnight Black + Royal Blue

03 準備藍、黑色系的小糖珠。

作法

01 使用尖頭抹刀將深藍色奶油霜以波浪形塗抹在蛋糕中間區段，保持不規則的紋路。

02 接下來使用淺藍色、灰色及原色奶油霜依序做波浪狀紋路塗抹。

03 使用類似油彩的疊加方式，增加奶油霜的肌理變化。

Point 室溫的奶油霜經由抹刀塗抹後，會自然生成出如海浪般的漸層變化。

04 撒上細碎糖珠後，冷藏15 分鐘。

05 使用藍灰色奶油霜從蛋糕頂部開始塗抹均勻至平滑。

06 接著由側面上緣開始厚塗，保持不規則的下緣，直到遮蓋約上方 1/3。

07 繼續塗抹蛋糕下方，一樣保持不規則的上緣，直到遮蓋住約下方 1/3 處。

08 使用硬刮板輕輕貼合在蛋糕表面，保持約 30-45 度角，同時旋轉轉台做刮除及抹平的動作，直到外層奶油霜完美平滑。

Point 外層奶油霜在厚塗時需超過內層至少 5-10mm，以免刮除時觸及內層抹面。

進階裝飾

雙層型海洋化石設計款蛋糕

配色法：單色與無彩色

蛋糕色彩學與設計構思

灰色是我最喜歡的顏色之一，它是介於黑白之間的無彩色，中性的特質可以跟任何顏色或主題搭配，而且所有的色彩在遇到灰色後都會突然成熟感大增。

這也是我很喜歡在作品中加入灰色的原因之一，如果你想要製作一顆帶點大人感的蛋糕，卻又不希望失去其他色彩，那就試著在配色時帶入灰色試試吧。

在這顆蛋糕設計中，我運用單色（藍色系）與無彩色（灰色調）的搭配來訴說一個海洋的故事。

同樣的造型設計，如果貝殼、海星等換成色彩鮮豔的有彩色，外層抹面換成同色系（藍色）等，這顆蛋糕所訴說的故事就會變成活生生的海底世界，而此處使用灰色調的造型貝類與藍灰色的外層抹面，無彩色的搭配轉換為海洋化石的歷史世界。

配色的奧妙之處與其重要性便在於此。

設計結構上，雙層的抹面設計在內外的反差越大越好，裏層越是豐富層次，外層越要低調沉穩。而對於抹面本身已經很精彩的設計，外部及頂部裝飾則越俐落越佳，過於複雜及細碎的話反而會抓不到重點。

準備

翻糖

水性色膏 色號：Royal Blue

金銀食用色粉

愛素糖

工具

海洋生物造型模具

筆刷

矽膠墊

作法

海洋化石裝飾

01 將翻糖加入適量色膏，染成類似外層抹面的藍灰色後，壓入造型模具中進行翻模。

02 用筆刷刷上金銀食用色粉裝飾。

噴濺海浪裝飾

03 將愛素糖以中火加熱至 165-166℃，離火後稍待降溫，加入適量色膏調色後，用湯匙不規則滴淋在矽膠墊上。

04 趁熱將其塑形成不規則立體狀，靜置至冷卻。

蛋糕裝飾組合

05 將翻糖海洋化石固定在抹面上，內外層可不規則搭配。

06 在蛋糕頂部插入愛素糖裝飾，製造出噴濺的海水造型。

1
2-1
2-2
3
4-1
4-2
5
6-1
6-2

〈 進階系列 〉

繪畫系抹面

對於不擅長繪畫的人來說，我想最好的入門應該就屬花卉了。因為只要掌握住花瓣的小特點，不管抽象或是具象都能讓人很明確地看出花卉的樣貌。

奶油霜抹面不只可以運用於抽象畫、油彩畫、或水彩畫的型態表現，更可以直接當成顏料，在蛋糕這塊畫布上作畫，若是有繪畫基礎的話，要畫出一幅幅寫實的繪畫作品都是沒有問題的。

此篇運用油畫刮刀來作畫，油畫刮刀的形狀很容易就能產生出花瓣造型的特點，因此很適合用來創作花卉繪畫，雖然刮刀畫可以表現非常擬真效果的花，但我偏好稍微抽象一點的表現，並非表現花的本身，而是一種情境與風格的傳達。

－ 奶油霜調色 －

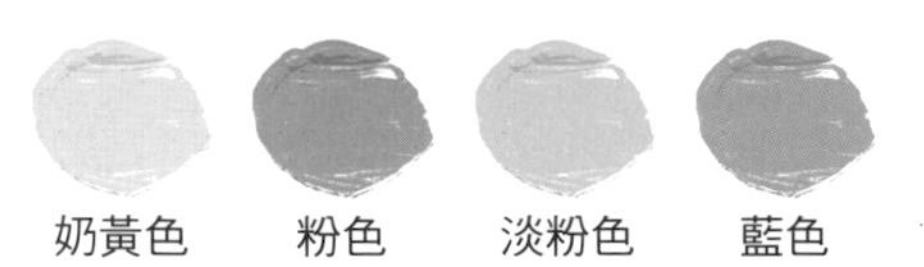

事前準備

01 依照 p.52 完成裸蛋糕。

02 依照 p.38 準備奶油霜，奶油霜操作溫度約在 22-24℃左右，並攪拌至滑順無氣泡狀態。從原色奶油霜中調製出帶咖啡調的奶黃色、粉色、淡粉色、藍色。

Point 於奶黃色奶油霜中混入一點粉色奶油霜，不要攪拌均勻。這樣的手法可以迅速創造出帶渲染感的抹面。

- 調奶黃色用的色膏色號：Brown + Golden Yellow + Orange + Black
- 調粉色用的色膏色號：Pink + Rose + Brown
- 調淡粉色用的色膏色號：Pink + Rose + Brown
- 調藍色用的色膏色號：Royal Blue + Sky Blue + Burgundy

03 準備特殊工具：油畫刮刀。

作法

01 取用混入一點粉色的奶黃色奶油霜，依照 p.58 在裸蛋糕上完成抹面基礎，再依照 p.80（超完美平滑系 90 度直角抹面）步驟 10-15 完成最後的收尾動作，冷藏 30 分鐘直到奶油霜半冷卻。

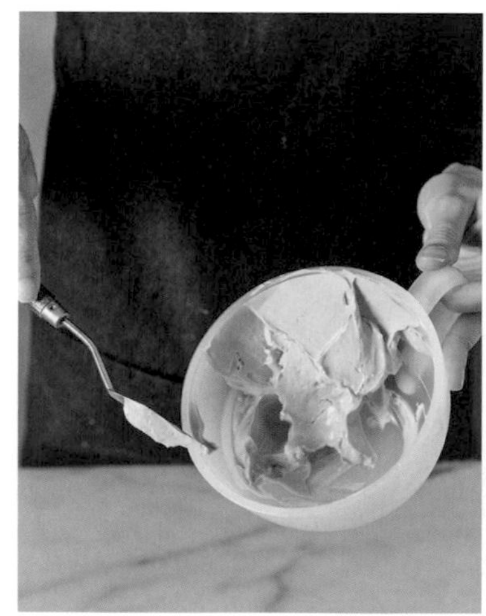

02 使用油畫刮刀沿著碗的內緣刮取適量粉色奶油霜，再沿著碗另一端的內緣反方向刮除多餘奶油霜。

03 將油畫刮刀直接下壓在奶油霜表面並上提收起，形成花瓣狀造型。

04 亦可將油畫刮刀下壓後稍微左右塗抹，形成大片花瓣。可以重複在同一位置做花瓣堆疊，或調整刮刀角度畫出整朵花。

05 可以使用不同顏色在刮刀上產生渲染效果，亦可在抹面上做不同色的花瓣效果堆疊。

06 使用不同尺寸的油畫刮刀製造不同大小的花瓣跟花形。待花瓣繪畫完成後，將刮刀輕輕用點壓方式在已軟化的奶油霜抹面平滑處留下肌理紋路。

進階裝飾

繪畫系紙蝴蝶設計款蛋糕

配色法：三等分

蛋糕色彩學與設計構思

三等分配色法通常給人一種強烈的感覺，但是透過明度與彩度的改變，也可以表現溫柔、柔和的視覺效果。在每個單獨的色相中加入補色使顏色柔化、混濁，再搭配淺色與低彩度，使整體達到互不搶色的效果。

同樣是花卉的繪畫，使用高彩度、低彩度、類似色、對比色、補色或三等分配色法都能產生出效果相差甚遠的風格，很多人想到柔色搭配就會直覺認為要使用類似色才能達到，其實只要掌握明度跟彩度，就算是補色也能給人柔和不衝突的感受。

繪畫系抹面單以本身來看就很豐富，可作為獨當一面的主角，不需多餘裝飾就是一幅作品。

然而為了增添其立體感與故事性，所以我加入了半立體的紙蝴蝶作為裝飾。威化紙本身帶有半透明與輕薄的特性，翩翩飛舞的姿態效果更勝翻糖製作的蝴蝶，搭配在柔和色調的抹面上更為合適，反之若是顏色較重的抹面或整體設計，則會更適合份量感重一點的翻糖蝴蝶，或是可以將威化紙蝴蝶上色增加其量感。

搭配這件事情，不只體現在色彩、造型上，材質質地上更是需要細細琢磨，這樣才能為作品的完整度與細膩度加分。

準備

威化紙

糖珠（備不同顏色、大小）

工具

蝴蝶造型打孔器

鑷子

作法

食用紙蝴蝶裝飾

01 使用蝴蝶造型打孔器在威化紙上壓出蝴蝶。

02 在花芯處用大小不一的糖珠裝飾，使抽象感的花瓣更添一分真實性。肌理處則使用細碎糖珠做裝飾。

03 將威化紙蝴蝶不規則裝飾在抹面上。

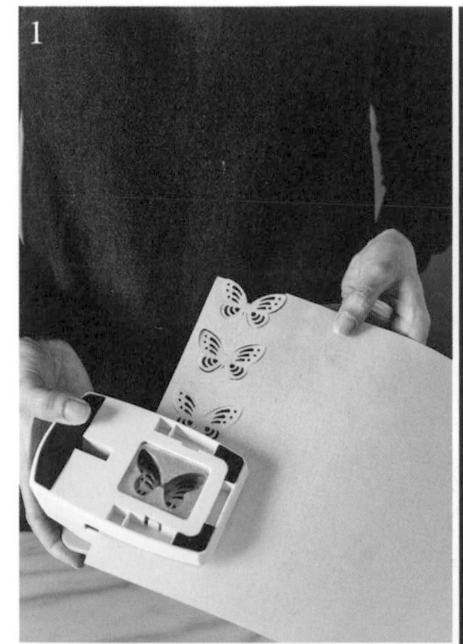
1

2

3

〈 進階系列 〉

超完美 90 度 直角方形抹面

在完美的銳利角度抹面當中，多邊形的造型是最困難的。

在掌握了最初篇章中示範的圓柱狀完美直角抹面技巧後，對於奶油霜的溫度、狀態與特性應該已經有了更近一步的了解，運用相同的技巧，就能創造各種如精品工藝般的多邊形、甚至是不規則造型的蛋糕抹面。

- 奶油霜調色 -

鐵灰色

事前準備

01 依照 p.48 & p.52 完成方形磅蛋糕並分切。

02 依照 p.38 準備奶油霜，確認奶油霜溫度約在 22-24℃左右，並已將奶油霜攪拌至滑順無氣泡狀態。從原色奶油霜中調製出鐵灰色。

- 調鐵灰色用的色膏色號：Midnight Black

作法 ＊方形蛋糕組裝

01 使用適量奶油霜塗抹在蛋糕底板中心後，放上第一片蛋糕，黏合蛋糕與蛋糕底板。

02 使用擠花袋沿著方形蛋糕的外圍一圈一圈向內填餡，並用抹刀抹平。

03 疊上第二層蛋糕，稍微下壓黏合。此時要開始注意蛋糕片的水平面與垂直面，每疊上一層都要旋轉轉台確認。

Point 在蛋糕組裝時，奶油霜突出蛋糕體的部分無需先做特別處理。

04 重複上述步驟疊加蛋糕。

Point 若組裝完的蛋糕每一層大小落差過大，可以用蛋糕刀把較突出的部分切除，使蛋糕體呈現較為方正的正方體。

05 依照 p.56 完成裸蛋糕的抹面打底，並冷藏定型 30 分鐘以上。

Point 此時的方形裸蛋糕可能稍有些歪斜不方正，也沒有漂亮的線條，無需做特別處理，只要確保蛋糕表面都有覆蓋一層薄薄的奶油霜即可。

作法 ＊方形蛋糕抹面

01 從蛋糕頂部開始，放上適量鐵灰色奶油霜後，使用抹刀來回抹平。

02 蛋糕頂面與抹刀保持約30度角，來回塗抹並同時旋轉轉台，力道輕柔地將奶油霜塗抹至無縫隙。

Point 頂部奶油霜塗抹完成後必須要適量的超出方形之外，這樣在最後的步驟才會有多餘的奶油霜高於蛋糕頂部，進而可以做收尾的動作。

03 使用抹刀前端挖取適量奶油霜，由側面的最上緣開始往下厚塗，此時奶油霜的厚度應至少10mm。一次操作一個面，抹刀必須盡量垂直，每一個面的奶油霜都要超出方形的範圍。

04 四個面都完成厚塗後，使用硬刮板保持約30-45度角，將多餘的奶油霜刮除。一次操作一個面，刮板底部須貼平蛋糕底板，輕貼在最邊緣往內縮約15mm處，往後直線刮除奶油霜。

Point 一定要確定刮板與底板呈現90度直角，如此才能確保蛋糕最後會是正方形的。

05 再使用硬刮板輕貼在最邊緣外處約15mm處，順著直線將邊角多餘的奶油霜刮除。

Point 此步驟可以進行多次，但切勿一開始就用力過度，造成邊角處呈現圓弧狀。

06 重複步驟 4-5，將四個基本面都操作完後，基本方形造型應該已經能大致呈現。

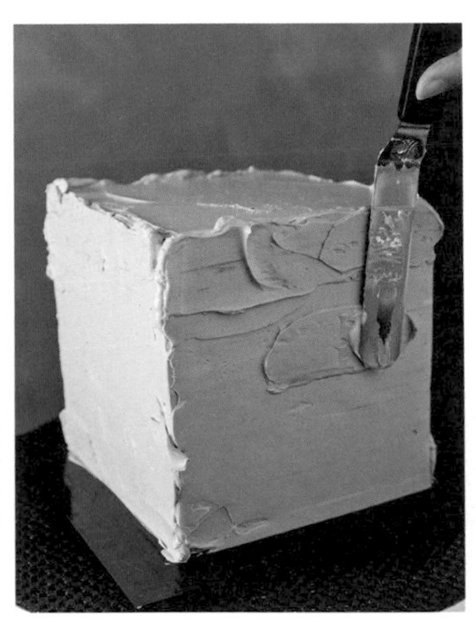

07 將四個面還有凹陷及孔洞處做填補，並重複步驟 4-5，直到側面接近平滑。

08 用乾淨的抹刀先刮除上方多餘的奶油霜。抹刀與蛋糕頂部保持水平，內側翹起約 30 度角，由外往內收，勿施力下壓。

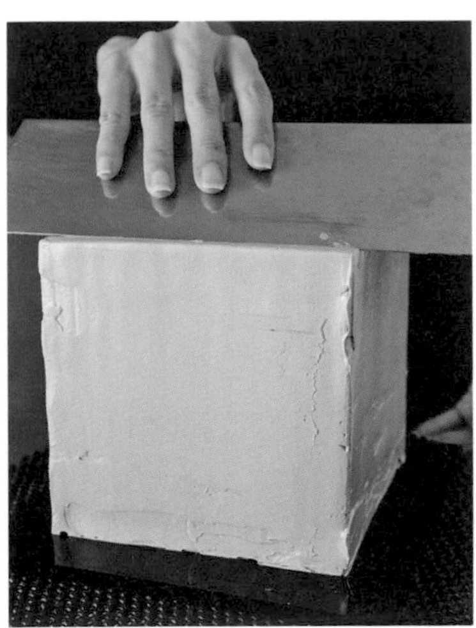

09 使用硬刮板，由蛋糕頂部約 1/5 處水平由外往內做刮除，每刮除一次換一個角度重複此步驟，直到頂部接近平整。

10 將蛋糕冷藏約 20 分鐘直到奶油霜半冷卻。接下來操作邊角細節，一次操作一個平面，先使用抹刀薄薄地填補瑕疵處。

11 等待約 30 秒後，再使用硬刮板反覆做橫向與直向的刮除，縮小刮板角度至約 15-20 度角，直到表面呈現完美平滑面。

Point 奶油霜薄塗在半冷卻的蛋糕上，經過 30 秒左右的時間，原本室溫柔軟的奶油霜會因為蛋糕的溫度而稍微硬化，此時再操作可以避免過度施力造成破壞。

12 將蛋糕冷藏約 20 分鐘直到奶油霜半冷卻。使用乾淨抹刀水平貼平蛋糕另一側面，切除邊角處多餘的奶油霜。

13 接著處理下一個平面，重複步驟 10-12，直到四個側面皆呈現完美平滑面。

14 最後使用同樣的方式處理蛋糕頂部。

Point 不管是做薄塗填補、或是刮除的動作，抹刀及刮板都必須與蛋糕平面保持水平，切勿使用傾斜角度去填補或刮除邊角處。

▼不論哪個角度都呈現完美的立方體。

進階裝飾

直角方形水晶柱設計款蛋糕

配色法：單色

蛋糕色彩學與設計構思

雖然都是無彩色的灰階，但是不同明度的灰色其個性與質感都會有著全然不同的差異。從輕重、柔硬、明暗等，所表達出來的色彩感受是不同的，少了彩度的它們會更為直接的反映出來。

明亮淺灰色給人比較輕柔中性調的感覺，深鐵灰色則給人較為剛硬莊嚴的感覺。再搭配上不同的有彩色時，蛋糕的個性就會鮮明地跳脫出來。

此篇章使用較深的灰色調，是為了凸顯堅硬的大紅色水晶柱，同樣設計若是搭配柔和的淺灰色則性格感受會被削弱，同理若水晶柱的顏色換成較為柔和的粉紅色，所呈現出來的也會是不同的感受。

就造型方面，一個擁有完美邊角的正方體，不規則的缺少幾個邊角時，其對比感受會更勝圓柱體。

越是簡單的造型概念，就越要在「造型設計」上下功夫。

準備

愛素糖
色膏 色號：Red
奶油霜（與蛋糕抹面的顏色相同）
液態金色食用色素

工具

水晶柱矽膠模型
牙籤
抹刀
筆刷

作法

水晶柱裝飾

01 將愛素糖以中火加熱至165-166℃，離火後稍待降溫，再加入適量的色膏調色。

02 倒入水晶柱矽膠模型中，靜置至冷卻脫模。

03 將部分的水晶柱敲碎，呈現不規則大小的碎石狀。

蛋糕裝飾組合

04 將蛋糕欲裝飾部分切除。

Point 切除範圍需比預計再多一些，水晶柱裝飾後會縮小原本的凹陷範圍。

05 將切除後的部分再補上一層奶油霜。

06 將水晶石緊密的黏合在蛋糕凹陷處。

07 完成後將蛋糕冷藏約 30 分鐘，待水晶石反潮後，使用液態金色食用色素沿著邊緣畫上金線，此時因反潮現象，金線會與水晶石產生自然的渲染現象。

08 最後使用筆刷將液態金色食用色素噴灑在蛋糕抹面上。

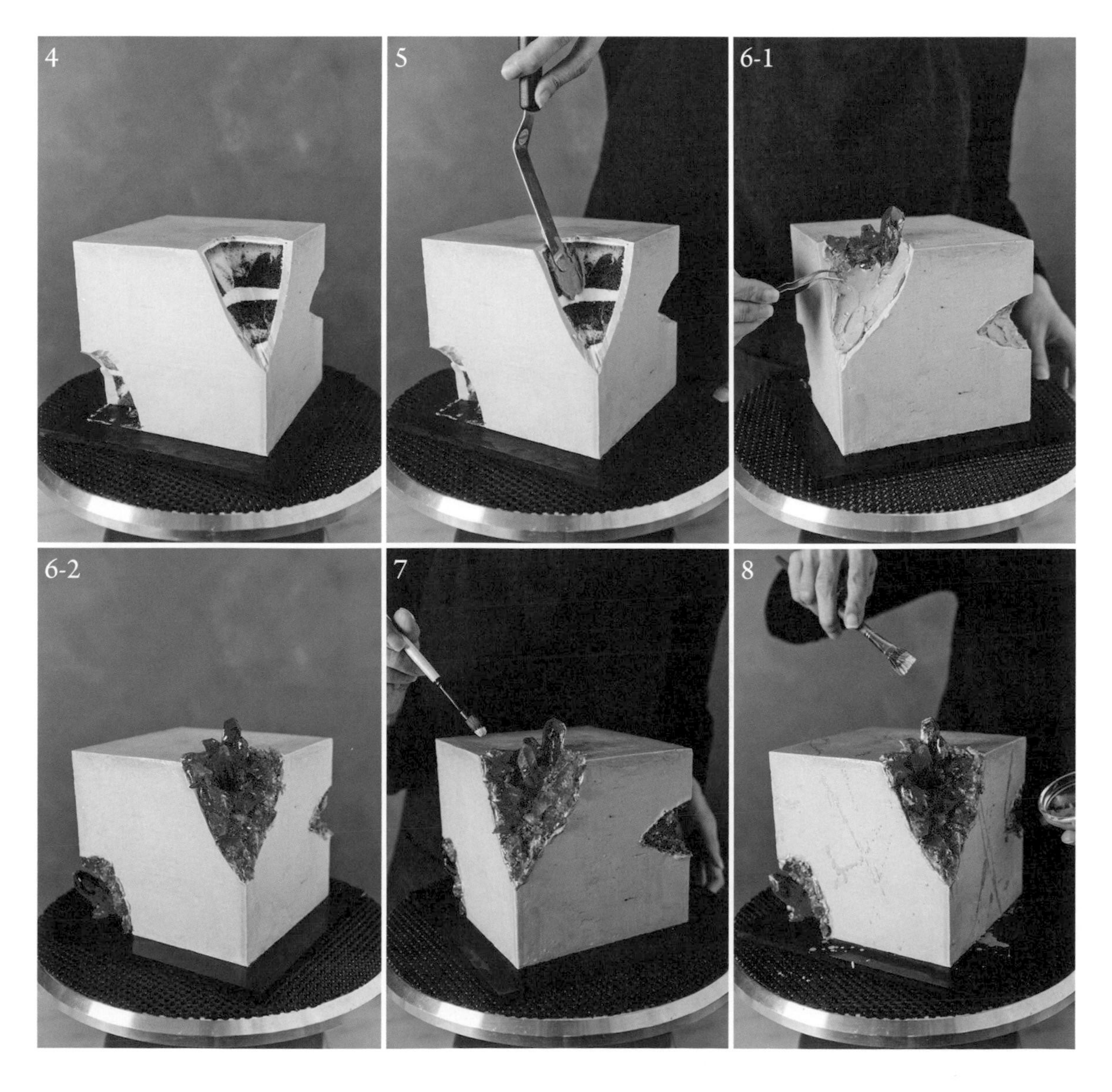

台灣廣廈 國際出版集團
Taiwan Mansion International Group

國家圖書館出版品預行編目（CIP）資料

奶油霜抹面蛋糕：蛋糕設計師的裝飾美學！發想×配色×造型，從初階到進階的抹面創意＆技巧圖解 / 艾霖著. -- 初版. -- 新北市：台灣廣廈, 2021.01
面； 公分.
ISBN 978-986-130-476-2
1.點心食譜

427.16　　109016616

奶油霜抹面蛋糕

蛋糕設計師的裝飾美學！發想×配色×造型，從初階到進階的抹面創意＆技巧圖解

作　　者／艾霖
攝　　影／艾霖

編輯中心編輯長／張秀環
執行編輯／許秀妃・蔡沐晨
封面・內頁設計／曾詩涵
內頁排版／菩薩蠻數位文化有限公司
製版・印刷・裝訂／東豪・弼聖・明和

行企研發中心總監／陳冠蒨
媒體公關組／陳柔彣
綜合業務組／何欣穎

線上學習中心總監／陳冠蒨
數位營運組／顏佑婷
企製開發組／江季珊

發 行 人／江媛珍
法律顧問／第一國際法律事務所 余淑杏律師・北辰著作權事務所 蕭雄淋律師
出　　版／台灣廣廈
發　　行／台灣廣廈有聲圖書有限公司
地址：新北市235中和區中山路二段359巷7號2樓
電話：（886）2-2225-5777・傳真：（886）2-2225-8052

代理印務・全球總經銷／知遠文化事業有限公司
地址：新北市222深坑區北深路三段155巷25號5樓
電話：（886）2-2664-8800・傳真：（886）2-2664-8801
郵政劃撥／劃撥帳號：18836722
劃撥戶名：知遠文化事業有限公司（※單次購書金額未達500元，請另付60元郵資。）

■出版日期：2021年01月
ISBN：978-986-130-476-2

■初版4刷：2023年10月